rapid biological inventories : 19

Ecuador:
Territorio Cofan Dureno

Randall Borman, Corine Vriesendorp,
William S. Alverson, Debra K. Moskovits,
Douglas F. Stotz, y/and Álvaro del Campo,
editores/editors

OCTUBRE/OCTOBER 2007

Instituciones Participantes/Participating Institutions

 The Field Museum

 Fundación para la Sobrevivencia del Pueblo Cofan

 Museo Ecuatoriano de Ciencias Naturales

LOS INVENTARIOS BIOLÓGICOS RÁPIDOS SON PUBLICADOS POR /
RAPID BIOLOGICAL INVENTORIES REPORTS ARE PUBLISHED BY:

THE FIELD MUSEUM
Environmental and Conservation Programs
1400 South Lake Shore Drive
Chicago, Illinois 60605-2496, USA
T 312.665.7430, F 312.665.7433
www.fieldmuseum.org

Editores/Editors
Randall Borman, Corine Vriesendorp, William S. Alverson,
Debra K. Moskovits, Douglas F. Stotz, y/and Álvaro del Campo

Diseño/Design
Costello Communications, Chicago

Mapas/Maps
Dan Brinkmeier y/and Jon Markel

Traducciones/Translations
Amanda Zidek-Vanega, Emma Chica Umenda,
Álvaro del Campo, y/and Tyana Wachter

Esta publicación ha sido financiada en parte por The Hamill Family
Foundation, The John D. and Catherine T. MacArthur Foundation,
PPD y ECOFONDO./This publication has been funded in part
by the The Hamill Family Foundation, The John D. and Catherine T.
MacArthur Foundation, PPD, and ECOFONDO.

Cita Sugerida/Suggested Citation
Borman, R., C. Vriesendorp, W. S. Alverson, D. K. Moskovits,
D. F. Stotz, y/and Á. del Campo, eds. 2007. Ecuador: Territorio
Cofan Dureno. Rapid Biological Inventories Report 19.
The Field Museum, Chicago.

Créditos fotográficos/Photography credits
Carátula/Cover: Una protección formal del Territorio Dureno
permitirá la conservación de la biodiversidad para las generaciones
futuras. Foto de Á. del Campo./Formal protection of the Dureno
Territory will conserve the region's biodiversity for future
generations. Photo by Á. del Campo.

Carátula interior/Inner-cover: Los Cofan, de una manera muy
activa, manejan y protegen sus territorios ancestrales, incluyendo el
Territorio Dureno. Foto de Á. del Campo./The Cofan actively manage
and protect their ancestral lands, including the Dureno Territory.
Photo by Á. del Campo.

Láminas a color/Color plates: Figs. 1, 3C–E, 4F, 4G, 5E, 6C, 6D,
6G, 7A, 7B, 8A–C, 10A–D, A. del Campo; Figs. 4A–E, C. Carrera;
Fig. 3F, R. Foster; Figs. 7E, 7F, D. Lane; Figs. 2A, 2B, 9C, NASA,
J. Markel, y/and J. Costello; Figs. 5A–D, J. F. Rivadeneira;
Figs. 7C, 7D, D. Stotz; Figs. 3A, 3B, C. Vriesendorp; Figs. 6A, 6B, 6E,
6F, M. Yánez. Las figuras 9A y 9B han sido reimpresos de Sierra
(2000), con el permiso de Elsevier Science./Figures 9A and 9B
reprinted from Sierra (2000) with permission from Elsevier Science.

 Impreso sobre papel reciclado/Printed on recycled paper

CONTENIDO/CONTENTS

INTEGRANTES DEL EQUIPO

EQUIPO DEL CAMPO

Jaime Aguinda L. (*logística de campo*)
Fundación para la Sobrevivencia del Pueblo Cofan
Federación Indígena de la Nacionalidad Cofan del Ecuador
Dureno, Ecuador

Roberto Aguinda L. (*logística de campo*)
Fundación para la Sobrevivencia del Pueblo Cofan
Federación Indígena de la Nacionalidad Cofan del Ecuador
Quito y Dureno, Ecuador
robertotsampi@yahoo.com

Randall Borman A. (*mamíferos grandes*)
Fundación para la Sobrevivencia del Pueblo Cofan
Federación Indígena de la Nacionalidad Cofan del Ecuador
Quito y Dureno, Ecuador
randy@cofan.org

Daniel Brinkmeier (*comunicaciones*)
Environmental and Conservation Programs
The Field Museum, Chicago, IL, EE.UU.
dbrinkmeier@fieldmuseum.org

Carlos Carrera R. (*macroinvertebrados acuáticos*)
Museo Ecuatoriano de Ciencias Naturales
Quito, Ecuador
carrera.carlos@gmail.com

Hugo Tito Chapal M. (*cocina*)
Comuna Cofan Dureno
Sucumbíos, Ecuador

Iván José Chapal M. (*macroinvertebrados acuáticos*)
Comuna Cofan Dureno
Sucumbíos, Ecuador

Silvio Chapal M. (*mamíferos grandes*)
Comuna Cofan Dureno
Sucumbíos, Ecuador

Ángel Chimbo P. (*anfibios y reptiles*)
Comuna Cofan Dureno
Sucumbíos, Ecuador

John Criollo C. (*peces*)
Comuna Cofan Dureno
Sucumbíos, Ecuador

Fausto Criollo M. (*logística de campo*)
Guardabosque-Fundación para la Sobrevivencia del Pueblo Cofan
Federación Indígena de la Nacionalidad Cofan del Ecuador
Dureno, Ecuador

Alfredo Nexer Criollo Q. (*mamíferos grandes*)
Comuna Cofan Dureno
Sucumbíos, Ecuador

Jose Criollo Q. (*logística de campo*)
Comuna Cofan Dureno
Sucumbíos, Ecuador

Álvaro del Campo (*logística de campo, fotografía*)
Environmental and Conservation Programs
The Field Museum, Chicago, IL, EE.UU.
adelcampo@fieldmuseum.org

Sebastián Descanse U. (*plantas*)
Comunidad Cofan Chandia Na'e
Sucumbíos, Ecuador

Robin B. Foster (*plantas*)
Environmental and Conservation Programs
The Field Museum, Chicago, IL, EE.UU.
rfoster@fieldmuseum.org

Mary Grefa M. (*macroinvertebrados acuáticos*)
Comuna Cofan Dureno
Sucumbíos, Ecuador

Laura Cristina Lucitante C. (*plantas*)
Comunidad Cofan Chandia Na'e
Sucumbíos, Ecuador

Célida Lucitante Q. (*cocina*)
Comuna Cofan Dureno
Sucumbíos, Ecuador

Nexar Manzasa C. (*logística de campo*)
Fundación para la Sobrevivencia del Pueblo Cofan
Federación Indígena de la Nacionalidad Cofan del Ecuador
Dureno, Ecuador

Solaida Mendúa V. (*logística de campo*)
Fundación para la Sobrevivencia del Pueblo Cofan
Federación Indígena de la Nacionalidad Cofan del Ecuador
Dureno, Ecuador

Debra K. Moskovits (*coordinación*)
Environmental and Conservation Programs
The Field Museum, Chicago, IL, EE.UU.
dmoskovits@fieldmuseum.org

Carlos Arturo Ortiz Q. (*plantas*)
Comuna Cofan Dureno
Sucumbíos, Ecuador

Linda Ortiz Q. (*logística*)
Fundación para la Sobrevivencia del Pueblo Cofan
Federación Indígena de la Nacionalidad Cofan del Ecuador
Dureno, Ecuador

Amelia Quenamá Q. (*historia natural*)
Fundación para la Sobrevivencia del Pueblo Cofan
Federación Indígena de la Nacionalidad Cofan del Ecuador
Quito and Dureno, Ecuador

Héctor Quenamá Q. (*logística de campo*)
Comuna Cofan Dureno
Sucumbíos, Ecuador

Zoila Quenamá M. (*logística de campo*)
Fundación para la Sobrevivencia del Pueblo Cofan
Federación Indígena de la Nacionalidad Cofan del Ecuador
Dureno, Ecuador

Ejidio Quenamá V. (*plantas*)
Comuna Cofan Dureno
Sucumbíos, Ecuador

Fredy Queta Q. (*aves*)
Comuna Cofan Dureno
Sucumbíos, Ecuador

Juan Francisco Rivadeneira R. (*peces*)
Museo Ecuatoriano de Ciencias Naturales
Quito, Ecuador
jf.rivadeneira@mecn.gov.ec

Edgar René Ruiz P. (*peces*)
Comuna Cofan Dureno
Sucumbíos, Ecuador

Douglas F. Stotz (*aves*)
Environmental and Conservation Programs
The Field Museum, Chicago, IL, EE.UU.
dstotz@fieldmuseum.org

Corine Vriesendorp (*plantas*)
Environmental and Conservation Programs
The Field Museum, Chicago, IL, EE.UU.
cvriesendorp@fieldmuseum.org

Tyana Wachter (*logísticas internacionales*)
Environmental and Conservation Programs
The Field Museum, Chicago, IL, EE.UU.
twachter@fieldmuseum.org

Mario Yánez-Muñoz (*anfibios y reptiles*)
Museo Ecuatoriano de Ciencias Naturales
Quito, Ecuador
m.yanez@mecn.gov.ec

Blanca Yumbo S. (*logística de campo*)
Fundación para la Sobrevivencia del Pueblo Cofan
Federación Indígena de la Nacionalidad Cofan del Ecuador
Quito y Dureno, Ecuador

COLABORADORES

Comunidad Cofan Baboroé
Sucumbíos, Ecuador

Comunidad Cofan Chandia Na'e
Sucumbíos, Ecuador

Comunidad Cofan Dureno
Sucumbíos, Ecuador

Comunidad Cofan Pisorié Canqque
Sucumbíos, Ecuador

Comunidad Cofan Totoa Nai'qui
Sucumbíos, Ecuador

**Federación Indígena de la
Nacionalidad Cofan del Ecuador (FEINCE)**
Lago Agrio, Ecuador

Herbario Nacional del Ecuador (QCNE)
Quito, Ecuador

Ministerio del Medio Ambiente
Quito, Ecuador

PERFILES INSTITUCIONALES

The Field Museum

The Field Museum es una institución de educación e investigación—basada en colecciones de historia natural— que se dedica a la diversidad natural y cultural. Combinando las diferentes especialidades de Antropología, Botánica, Geología, Zoología y Biología de Conservación, los científicos del museo investigan temas relacionados a evolución, biología del medio ambiente y antropología cultural. Una división del museo— Environment, Culture, and Conservation (ECCo)—a través de sus dos departamentos, Environmental and Conservation Programs (ECP) y el Center for Cultural Understanding and Change (CCUC), está dedicada a convertir la ciencia en acción que crea y apoya una conservación duradera de la diversidad biológica y cultural. ECCo colabora estrechamente con los residentes locales para asegurar su participación en conservación a través de sus valores culturales y fortalezas institucionales. Con la acelerada pérdida de la diversidad biológica en todo el mundo, la misión de ECCo es de dirigir los recursos del museo—conocimientos científicos, colecciones mundiales, programas educativos innovadores— a las necesidades inmediatas de conservación a un nivel local, regional e internacional.

The Field Museum
1400 S. Lake Shore Drive
Chicago, IL 60605-2496 EE.UU.
312.922.9410 tel
www.fieldmuseum.org

Fundación para la Sobrevivencia del Pueblo Cofan

La Fundación para la Sobrevivencia del Pueblo Cofan es una organización sin fines de lucro dedicada a la conservación de la cultura indígena Cofan y de los bosques amazónicos que la sustentan. Junto con su brazo internacional, la Cofan Survival Fund, la Fundación apoya programas de conservación y desarrollo en siete comunidades Cofan del Oriente ecuatoriano. Los proyectos actuales apuntan a la conservación e investigación de la biodiversidad, la legalización y protección del territorio tradicional Cofan, el desarrollo de alternativas económicas y ecológicas, y oportunidades para la educación de los jóvenes Cofan.

Fundación para la Sobrevivencia del Pueblo Cofan
Casilla 17-11-6089
Quito, Ecuador
593.22.470.946 tel/fax
www.cofan.org

Museo Ecuatoriano de Ciencias Naturales (MECN)

El Museo Ecuatoriano de Ciencias Naturales es una entidad pública creada mediante decreto del Consejo Supremo de Gobierno No. 1777-C el 18 de Agosto de 1977 en Quito, como una institución de carácter técnico-científico, pública, con ámbito nacional. Los objetivos son de inventariar, clasificar, conservar, exhibir y difundir el conocimiento sobre todas las especies naturales del país, convirtiéndose de esta manera en la única institución estatal con este propósito. Es obligación del MECN el prestar toda clase de ayuda y cooperación, asesoramiento a las instituciones científicas y educativas particulares y organismos estatales en asuntos relacionados con la investigación para la conservación y preservación de los recursos naturales y principalmente de la diversidad biológica existente en el país, así como contribuir en la implementación de criterios técnicos que permitan el diseño y establecimiento de áreas protegidas nacionales.

Museo Ecuatoriano de Ciencias Naturales
Rumipamba 341 y Av. De los Shyris
Casilla Postal: 17-07-8976
Quito, Ecuador
593.2.2.449.825 tel/fax

AGRADECIMIENTOS

Este inventario biológico rápido realizado en los ricos bosques de Dureno que se extienden al norte y al sur de la línea del ecuador, fue concebido por los Cofan. No hubiera sido posible lograr el éxito alcanzado en el inventario sin el profundo conocimiento, apoyo, talento logístico y soberbias habilidades en el campo de los Cofan. Ellos fueron nuestros maestros, colaboradores y contrapartes. Los equipos, para cada grupo de organismos que inventariamos, contaron con miembros Cofan, y el equipo de mamíferos estaba totalmente compuesto por Cofan. Sebastián Descanse y Cristina Lucitante jugaron un rol muy importante dentro del equipo de botánica gracias a su previo entrenamiento en etnobotánica y su inagotable energía. Durante la expedición, las excelentes habilidades de Amelia Quenamá como naturalista ayudaron una vez más a enriquecer los inventarios de anfibios y reptiles, mamíferos y aves gracias a sus importantes registros. El equipo de ictiólogos agradece a Paul Meza Ramos, del Museo Ecuatoriano de Ciencias Naturales, quien facilitó información bibliográfica muy importante para el reporte de peces. Por su ayuda en identificar especímenes de plantas, agradecemos a M. Blanco (Aristolochiaceae). Carlos Carrera fue extremadamente servicial en el Herbario Nacional del Ecuador por facilitar el secado de nuestras muestras de plantas. En el Ministerio del Ambiente en Quito, agradecemos sinceramente al Dr. Fausto Gonzáles, Director General en Sucumbíos; al Dr. Ulises Cápelo, Asesor Jurídico regional; a Fausto Quisanga, Líder de Biodiversidad regional; y al Dr. Wilson Rojas, Director Nacional de Biodiversidad.

Por su incansable asistencia en el campo, agradecemos sinceramente a nuestro soberbio equipo Cofan: Hugo Tito Chapal Mendúa, Iván José Chapal Mendúa, Silvio Filemón Chapal Mendúa, Ángel Chimbo Papa, John Humberto Criollo Chapal, Alfredo Nexer Criollo Quenamá, Fernando Criollo Queta, José Aroldo Criollo Queta, Sebastián Descanse Umenda, Mary Grefa Mendúa, José Serbio Hernández, Laura Cristina Lucitante Criollo, Célida Lucitante Quenamá, Nexar Manzasa Cumbe, Valerio Mendúa Lucitante, Carlos Arturo Ortiz Quintero, Héctor Quenamá Queta, Ejidio Quenamá Vaporín, Fredy Carlos Queta Quenamá, Edgar René Ruiz Peñafiel, así como a todos los residentes de las comunidades de Dureno, Baboroé, y Pisorié Canqque, los que nos dieron una cálida bienvenida a sus amenazados bosques. Estamos también muy agradecidos con Solaida Mendúa Vargas, Zoila Quenamá Mendúa, Blanca Yumbo Salazar, Jaime Aguinda Lucitante y Fausto Criollo Mendúa, guardabosques de la Comuna Dureno,

quienes también presentaron un enorme apoyo en nuestro segundo y tercer campamentos; su buen sentido del humor y entusiasmo eran contagiosos. Nivaldo Yiyoguaje Quenamá y Linda Ortiz apoyaron con detalles logísticos en Lago Agrio y Dureno.

Roberto Aguinda supervisó las operaciones logísticas para establecer los tres campamentos del inventario (Pisorié Setsa'cco, Baboroé y Totoa Nai'qui). Roberto y su esposa Linda Ortiz facilitaron también las reuniones previas a la expedición y los arreglos para la presentación en Dureno.

Mientras el equipo estaba en el campo, Freddy Espinosa y su esposa Maria Luisa López aseguraron las coordinaciones en Quito con el Museo Ecuatoriano de Ciencias Naturales, y mantuvieron la comunicación abierta entre Dureno, Lago Agrio, Quito y Chicago. Sadie Siviter, Hugo Lucitante, Mateo Espinosa, Juan Carlos González, Carlos Menéndez, Víctor Andrango y Lorena Sánchez fueron extremadamente expeditivos en asuntos logísticos desde la oficina de la Fundación Sobrevivencia Cofan en Quito, antes, durante y después del inventario.

Jonathan Markel preparó excelentes mapas usando la información digital de la imagen de satélite, tanto para el equipo de avanzada como para el equipo del inventario en sí. Dan Brinkmeier produjo material visual rápido extremadamente útil para las presentaciones y desarrolló materiales de extensión para las comunidades a partir de nuestros resultados en el campo. Elizabeth Joynes facilitó las imágenes de satélite y los mapas, y negoció con ECOLEX y Jatun Sacha para obtener los permisos para reproducir estas imágenes.

Como ya es costumbre, Tyana Wachter fue fundamental desde Chicago para que las operaciones caminasen sin problemas. Rob McMillan, Brandy Pawlak y Tyana continúan haciendo magia para solucionar los problemas desde nuestra base en Chicago. Sinceramente agradecemos a Brandy y Tyana por sus aportes para la edición y revisión de las varias versiones del manuscrito, a Amanda Vanega y Tyana por sus rápidas traducciones a español, y a Emma Chica Umenda por las traducciones a Cofan. Jim Costello y su equipo, como siempre, hicieron un excelente trabajo acomodando los pedidos especiales que surgieron para este reporte.

Los fondos para este inventario provinieron de The Hamill Family Foundation, The John D. and Catherine T. MacArthur Foundation, PPD, ECOFONDO y del Field Museum.

La meta de los inventarios rápidos—biológicos y sociales— es de catalizar acciones efectivas para la conservación en regiones amenazadas, las cuales tienen una alta riqueza y singularidad biológica.

Metodología

En los inventarios biológicos rápidos, el equipo científico se concentra principalmente en los grupos de organismos que sirven como buenos indicadores del tipo y condición de hábitat, y que pueden ser inventariados rápidamente y con precisión. Estos inventarios no buscan producir una lista completa de los organismos presentes. Más bien, usan un método integrado y rápido (1) para identificar comunidades biológicas importantes en el sitio o región de interés y (2) para determinar si estas comunidades son de excepcional y de alta prioridad en el ámbito regional o mundial.

En los inventarios rápidos de recursos y fortalezas culturales y sociales, científicos y comunidades trabajan juntos para identificar el patrón de organización social y las oportunidades de colaboración y capacitación. Los equipos usan observaciones de los participantes y entrevistas semi-estructuradas para evaluar rápidamente las fortalezas de las comunidades locales que servirán de punto de partida para programas extensos de conservación.

Los científicos locales son clave para el equipo de campo. La experiencia de estos expertos es particularmente crítica para entender las áreas donde previamente ha habido poca o ninguna exploración científica. A partir del inventario, la investigación y protección de las comunidades naturales y el compromiso de las organizaciones y las fortalezas sociales ya existentes, dependen de las iniciativas de los científicos y conservacionistas locales.

Una vez completado el inventario rápido (por lo general en un mes), los equipos transmiten la información recopilada a las autoridades locales y nacionales, responsables de las decisiones, quienes pueden fijar las prioridades y los lineamientos para las acciones de conservación en el país anfitrión.

Fechas del trabajo de campo	23 de mayo–1 de junio 2007
Región	El Territorio Dureno—el cual forma parte de los territorios ancestrales Cofan—yace en los megadiversos límites nor-occidentales de la cuenca amazónica, en la provincia de Sucumbíos en el oriente ecuatoriano. Las 9,469 hectáreas remanentes de bosque de la ribera sur del río Aguarico, manejadas por los Cofan, han sido rodeadas por una red de caminos desde fines de los 70s (Fig. i). Hacia mediados de los 90s los bosques bajos adyacentes fueron deforestados, dejando el bloque de bosque aislado (Fig. 9). Todas las quebradas que atraviesan el Territorio desembocan en el río Pisorié (Pisurí en español), un afluente del Aguarico que corre al sur de este gran río.
Sitios muestreados	Muestreamos tres sitios en los bosques bajos amazónicos ubicados dentro del Territorio Dureno. Los nombres de los sitios son, en Cofan:

- *Pisorié Setsa'cco* ("península del río Pisorié"), en una terraza plana 600 m al oeste del río Aguarico;

- *Baboroé* (nombrado por el cercano asentamiento Cofan), en una terraza ubicada unos 3 km al sur del río Aguarico; y

- *Totoa Nai'qui* (el nombre Cofan del río Aguas Blancas), unos 400 m al este del límite occidental del Territorio Dureno.

Fig. i

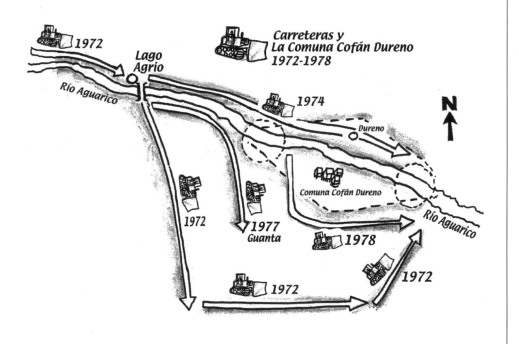

Sitios muestreados (continuación)	Exploramos 31 km de trochas, muestreando planicies inundables de río, bajiales pobremente drenados, y colinas (que fluctuaban entre 50 y 100 m de altura), así como varios cuerpos de agua, incluyendo al Pisorié y sus afluentes: Totoa Nai'qui, Castillequi (conocido en español como Castillo), y una pequeña quebrada conocida como Guara; al igual que el Aguarico mismo, y una pequeña laguna. Sospechamos que en un pasado geológico reciente, el río Coca podría haberse unido al Aguarico, ensanchando drásticamente la planicie de este último para incorporar la mayor parte de los bajiales del Territorio Dureno. En efecto, las colinas altas del Territorio Dureno podrían haber sido islas dentro de la temporalmente más amplia y trenzada planicie del Aguarico. Nuestro sitio en Totoa Nai'qui se encontraba dentro de la "Reserva Mundae," un área de 1,928 hectáreas que los Cofan han zonificado como prohibida para la caza en 2005, para proteger poblaciones fuente de especies de caza para el resto del Territorio Dureno (Figs. 2B, 10). Esta fue la única área que visitamos que tenía considerables parches de bambú gigante, un hábitat que ha desaparecido casi por completo del paisaje en las cercanías de Lago Agrio. En todo el Territorio, los bosques que muestreamos iban desde casi intactos hasta algunos que mostraban señas de haber sufrido una intensa explotación maderera en el pasado. La calidad de agua en el Territorio también varió bastante: Sólo un río muestreado—el Castillequi, muy cerca de la frontera del Territorio Dureno—mostró señas de contaminación reciente. Del mismo modo, sus cabeceras, al igual que las de los otros ríos que cruzan el Territorio Dureno, están expuestas a la contaminación, erosión, y derrames de petróleo que ocurren fuera del Territorio, lo que afecta de gran manera la calidad de las redes hídricas ubicadas aguas abajo.
Organismos estudiados	Plantas vasculares, macroinvertebrados acuáticos, peces, anfibios y reptiles, aves y mamíferos grandes.
Resultados principales	El Territorio Dureno es el fragmento restante de bosque más grande dentro de las áreas naturales que, mientras que estaban intactas, fueron biológicamente las más diversas del mundo. Varios caminos rodearon el área en 1978, y hacia 1996, las tierras vecinas fueron bastante deforestadas. A pesar del aislamiento de las 9,469 ha, encontramos bosques sustancialmente intactos con una alta riqueza de especies para todos los grupos muestreados. Debajo resumimos nuestros hallazgos, resaltando extensiones de rango, especies potencialmente nuevas para la ciencia, y prioridades de manejo.

Tabla 1. Número de especies observadas durante el inventario y número estimado que podrían ocurrir en todo el Territorio Dureno.

Grupo de organismos	Especies observadas	Especies estimadas
Plantas vasculares	aprox. 800	2000
Macroinvertebrados acuáticos	63	78
Peces	54	80
Anfibios	48	62
Reptiles	31	54
Aves	283	400–420
Mamíferos grandes	26	39–40

Vegetación

El Territorio Dureno alberga un diverso mosaico de hábitals, desde planicies de río hasta terrazas pobremente drenadas; desde terrazas bajas hasta colinas altas (de hasta 100 m), y en la parte sur ("Reserva Mundae"), marañas de lianas y bambú gigante. Esta área de bambú, un hábitat previamente dominado por grandes extensiones que ya han sido deforestadas, representa uno de los pocos vestigios sobrevivientes en Ecuador. El bambú esta protegido únicamente dentro de la Reserva de Producción Faunística de Cuyabeno (Fig. 2A).

Plantas vasculares

Encontramos una flora altamente diversa, registrando alrededor de 800 de las 2,000 especies estimadas para el Territorio Dureno. Éstas incluyeron 5–10 especies potencialmente nuevas para la ciencia, dos en el género *Aristolochia*. Dentro de los hallazgos más sorprendentes se encuentra una considerable extensión de rango de altitud para *Billia rosea* (Hippocastanaceae). Encontramos esta especie de semilla grande, la cual era conocida antes sólo para bosques montanos ubicados por encima de los 1,000 m en selva baja. El Territorio Dureno alberga una farmacia natural para los Cofan, con docenas de especies usadas por sus propiedades medicinales. Durante décadas, los Cofan han usado también el Territorio por sus recursos maderables, especialmente para la construcción de canoas. La mayoría de las especies maderables de alto valor, incluyendo *Cedrela* sp., *Cedrelinga cateniformis*, *Cordia alliodora*, y *Brosimum utile*, ya han sido extirpadas del Territorio.

Macroinvertebrados acuáticos

Registramos 63 de las 78 especies de macroinvertebrados acuáticos que estimamos para el Territorio Dureno, un número relativamente alto comparado con otros lugares de la selva baja amazónica. Los caracoles (*Pomacea*), recurso alimenticio importante para los Cofan, abundan en muchas de las quebradas. Encontramos indicadores de alta calidad de agua en todo el Territorio, y sólo el río Castillequi, ubicado en el borde del Territorio, muestra signos de contaminación reciente aguas arriba.

RESULTADOS A PRIMERA VISTA

Peces

Registramos 54 de las 80 especies que estimamos para el Territorio Dureno. Nueve especies son endémicas. Los carácidos representan el grupo dominante, con 21 especies conformando el 38% de la ictiofauna. Dos especies de bagres pequeños podrían significar nuevos registros para la cuenca del Aguarico. También resaltamos 14 especies de peces que podrían tener valor ornamental. La ictiofauna del Aguarico continúa siendo muy poco conocida. Creemos que estudios adicionales podrán revelar que la cuenca incluye por lo menos 25% de todas las especies del Ecuador.

Anfibios y reptiles

Registramos 79 especies (48 anfibios y 31 reptiles), las cuales representan el 68% de las especies que estimamos para el Territorio Dureno (62 anfibios y 54 reptiles). Los sitios de inventario compartieron sólo el 28% de su composición de especies, lo que podría deberse a las diferentes características topográficas, florísticas y acuáticas entre los tres sitios. Entre los hallazgos más interesantes están el posible descubrimiento de dos especies de ranas nuevas para la ciencia (Brachycephalidae y Centrolenidae), así como la riqueza de especies de geckos (cinco) encontradas durante el inventario. La herpetofauna del Territorio Dureno incluye la mitad de las especies conocidas para la cuenca del Aguarico, lo cual califica al Territorio como uno de los últimos refugios que alberga la más alta concentración de anfibios reportada para el planeta.

Aves

Encontramos una avifauna de bosque rica en especies (283 especies), con la mayoría de familias bien representadas en cuanto a aves amazónicas. Sin embargo, cabe resaltar la aparente ausencia de 40 especies que esperábamos encontrar. Diez de estas especies ausentes son aves grandes que, o ya no están presentes, o se han vuelto muy escasas en el fragmento de bosque, incluyendo aves de caza (*Crax salvini* y posiblemente otras), guacamayos grandes, y águilas grandes. Los martines pescadores representaron otra notable concentración de especies ausentes. Obtuvimos solamente un registro de *Megaceryle torquata* en el río Aguarico y no encontramos algún *Chloroceryle* (de cuatro posibles especies) a pesar de la extensa cobertura de los ríos Pisorié y Totoa Nai'qui, los que aparentaban ser hábitats perfectos para estas aves pescadoras. El resto de especies ausentes son aves insectívoras concentradas en pocas familias, especialmente furnáridos (sólo 2 registros de un esperado de 15 a 20 especies), trepadoras, carpinteros, bucos y jacamares. De otro lado, las especies frugívoras estuvieron bien representadas y eran abundantes, desde especies pequeñas como las tangaras y saltarines, hasta aves de mayor tamaño como cotingas, trogones y tucanes.

Mamíferos grandes

Registramos 26 de las 39–40 especies de mamíferos grandes que sabemos que existen en el Territorio Dureno por informaciones proporcionadas por los propios Cofan. A pesar de haber transcurrido diez años de aislamiento, el Territorio sigue albergando un gran grupo de huanganas (*Tayassu pecari*), con unos 150 individuos;

grandes poblaciones de sajinos (*Tayassu tayacu*); una gran densidad de armadillos; y seis especies de monos. Dos de las especies más grandes de monos (coto o aullador, *Alouatta seniculus*, y machín blanco, *Cebus albifrons*) comprenden poblaciones menores o vulnerables. En términos generales, el Territorio Dureno parece tener poblaciones saludables de las especies más pequeñas o de reproducción más rápida. Las dos especies que ya han desaparecido del fragmento de bosque son el chorongo (*Lagothrix lagothricha poeppigii*; cushava con'si en Cofan, visto por última vez en 1989) y la nutria gigante (*Pteronura brasiliensis; sararo*, avistada por última vez en 1964). Durante el inventario no vimos dantas (*Tapirus terrestris; ccovi*), las cuales han sido reportadas por los Cofan como presentes aunque poco frecuentes. Con estudios apropiados y un manejo efectivo, el Territorio Dureno debería continuar proveyendo un refugio para los mamíferos que todavía habitan el fragmento de bosque.

¿Por qué Dureno?

FIG. 1 Comenzando desde una tierna edad, los Cofan forman fuertes lazos con el bosque. Aquí un joven Cofan contempla un geko (*Thecadactylus rapicauda*). Foto de Á. del Campo./Beginning at an early age, the Cofan forge strong links with the forest. Here a young Cofan boy holds a gecko (*Thecadactylus rapicauda*). Photo by Á. del Campo.

Un bloque de bosque de 9,469 hectáreas en la Amazonía ecuatoriana, ubicado cerca de la ciudad petrolera de Lago Agrio, es uno de los vestigios de los bosques bajos más ricos del mundo. Caminos, colonización, y campos petroleros aíslan este remanente de los bosques aún intactos hacia el oeste en el piedemonte andino, y hacia el este en el complejo de áreas protegidas Cuyabeno-Yasuní (Fig. 2A). Este baluarte aislado de los bosques diversos que alguna vez cubrieron toda la región es el Territorio Dureno, uno de los territorios ancestrales Cofan.

Relatos antiguos sobre Dureno resaltan la grandiosa abundancia de animales de caza y de aves importantes para adornos ceremoniales. En los años 50s la familia Borman—traductores de la Biblia que vivían con los Cofan—todavía observaban animales como el *pisoru* (*Crax globulosa*), el cual ya desapareció del Ecuador y se encuentra ahora globalmente en peligro de extinción.

Severos cambios empezaron a aparecer hacia mediados de los 60s, cuando un consorcio petrolero formado por Texaco y Gulf ingresó a los territorios Cofan, movilizando equipos de sísmicas y estableciendo pozos exploratorios por toda la región. Hacia 1970 Lago Agrio se había convertido en un pueblo de auge petrolero. De 1972 a 1974, las carreteras segmentaron la región por toda su extensión, lo que promovió que enormes cantidades de colonos, animados por políticas de hacienda del gobierno, acudieran de manera masiva a la zona para reclamar las "tierras vacías" que en verdad eran territorios ancestrales Cofan.

Como reacción a esas presiones, miembros de la comunidad Cofan empezaron a cortar indefectiblemente los denominados "auto linderos" (trochas demarcadoras de límites) y, en 1978, recibieron la titulación del Territorio Dureno. También ese mismo año Texaco construyó un nuevo camino hacia el oeste, el que aisló por completo el bloque de bosque de Dureno (Fig. i, p. 11), y lo cual motivó la rápida migración de mucho más colonos que establecieron las demandas de tierras que alcanzaban los límites territoriales de los Cofan.

Los Cofan siguen respondiendo a las crecientes necesidades de conservación. Estrategias como la de los guardabosques comunales y regulaciones autoimpuestas de caza y pesca se han convertido en herramientas fundamentales para alcanzar la visión Cofan de asegurar la riqueza de sus bosques a largo plazo. Los Cofan continúan vislumbrando la vida silvestre en gran medida como fuente alimenticia para sus familias. Sin embargo, una conciencia profunda por la necesidad de crear áreas seguras para que se reproduzcan las especies silvestres ha impulsado la implementación de un sistema de zonificación que designa 1,928 hectáreas del Territorio como una zona donde se prohíbe la caza (Fig. 10, p. 29).

Dureno sigue siendo importante dentro de la identidad cultural y nacional. En la imagen de satélite (Figs. 2B, 9) pueden verse claramente los esfuerzos exitosos de los Cofan para conservar sus bosques, a pesar de la implacable presión de afuera. Sin embargo, el apoyo adicional del gobierno y otras instituciones será crucial para que los Cofan tengan éxito en conservar de la mejor manera lo que queda de uno de los entornos naturales más ricos del mundo.

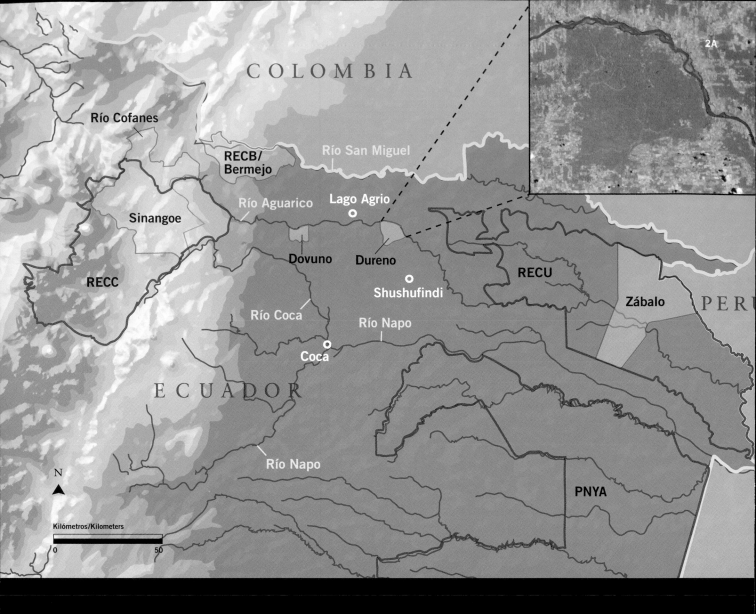

COLOMBIA

Río Cofanes

RECB/
Bermejo

Río San Miguel

Río Aguarico   Lago Agrio

Sinangoe

Dovuno   Dureno

RECU

RECC

Shushufindi

Zábalo   PER

Río Coca

Río Napo

Coca

ECUADOR

Río Napo

N

PNYA

Kilómetros/Kilometers
0   50

ECUADOR:
Territorio Cofan Dureno

COLOMBIA

ECUADOR

PERÚ

FIG. 2A El territorio Cofan extiende desde los Andes a la Amazonía. El recuadro indica la ubicación del Territorio Cofan Dureno./ The Cofan territory extends from the Andes to the Amazon. The inset shows the position of the Dureno Territory.

LEYENDA/LEGEND

Centros de Poblados/
Population Centers

○   Coca (San Francisco
     de Orellana)

     Lago Agrio

     Shushufindi

Tierras Cofan/Cofan Lands

     Bermejo, Dureno,
     Dovuno, Río Cofanes,

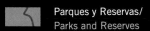 Fronteria Internacional/
     International Border

     Parques y Reservas/
     Parks and Reserves

RECB =   Reserva Ecológica
         Cofan Bermejo

RECC =   Reserva Ecológica
         Cayambe-Coca

RECU =   Reserva de Producción
         Faunística Cuyabeno

PNYA =   Parque Nacional Yasuní

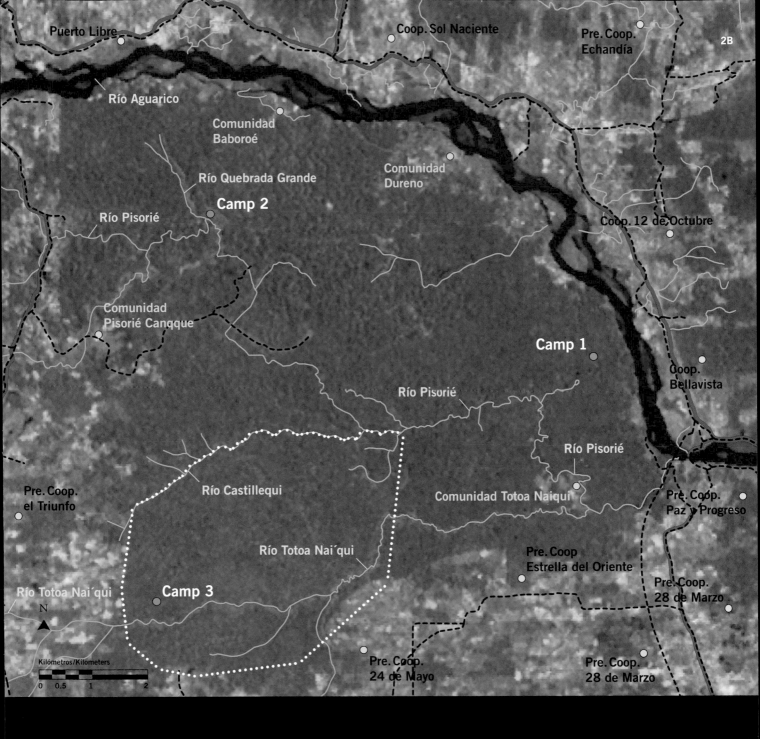

Puerto Libre

Coop. Sol Naciente

Pre. Coop. Echandía

Río Aguarico

Comunidad Baboroé

Río Quebrada Grande

Comunidad Dureno

Camp 2

Río Pisorié

Coop. 12 de Octubre

Comunidad Pisorié Canqque

Camp 1

Río Pisorié

Coop. Bellavista

Pre. Coop. el Triunfo

Río Castillequi

Río Pisorié

Comunidad Totoa Naiquí

Pre. Coop. Paz y Progreso

Río Totoa Nai´qui

Pre. Coop Estrella del Oriente

Pre. Coop. 28 de Marzo

Río Totoa Nai´qui

Camp 3

N

Pre. Coop. 24 de Mayo

Pre. Coop. 28 de Marzo

Kilómetros/Kilometers

0   0.5   1   2

LEYENDA/LEGEND

Sitio del Inventario/Inventory Site

● Camp 1: Pisorié Setsa'cco
  Camp 2: Baboroe
  Camp 3: Totoa Nai'qui

Comunidades y Asentimientos/
Communities and Settlements

● Comunidad Cofan/
  Cofan Community

● Centro Poblado/
  Colonist Settlement

– – – Via/Road

▓▓▓▓ Oleoducto/Oil Pipe

───── Río/River

•••••• Reserva Mundae
       Caza prohibida/
       No hunting

▓▓ Deforestado/Chacras
   Deforested/Farm Land

▓▓ Bosque Denso
   Dense Forest

FIG. 2B Un territorio ancestral Cofan, el Territorio Dureno (9,469 ha) es ahora un parche de bosque aislado dentro de la Amazonía ecuatoriana, rodeado por colonización, deforestación y operaciones petroleras. En esta imagen satélite (15 sep 2003), destacamos los sitios del inventario, las comunas Cofan, la zonificación, y los arroyos y ríos principales, además de los caminos cercanos, los asentamientos de colonos y los oleoductos. En la parte sudoeste del Territorio, los Cofan establecieron la Reserva Mundae (1,928 hectáreas) para proteger las poblaciones de animales de caza./

An ancestral homeland of the Cofan, the Dureno Territory (9,469 ha) is now an isolated forest patch in the Ecuadorean Amazon encircled by colonists, deforestation, and oil operations. In this satellite image (15 Sept. 2003), we highlight inventory sites, Cofan villages, Cofan land-use planning, and main streams and rivers, along with nearby roads, colonist settlements, and oil pipelines. In the southwestern portion of the Territory, the Cofan have established the "Reserva Mundae," a 1,928-ha reserve to protect game populations.

FIG.3 El Territorio Cofan Dureno alberga una flora muy rica. Combinando el conocimiento tradicional Cofan y el rigor científico del Field Museum, colectamos más de 400 especies con frutas o flores (F). En nueve días el equipo botánico registró alrededor de 800 especies, incluyendo especies que son comunes (A, E), colectadas raramente (C, D), conocidas previamente solamente de las montañas (B) y posiblemente nuevas para la ciencia (G). Muchas especies son importantes para los Cofan como alimento (A) por su uso medicinal (C, G)./ The Dureno Territory harbors a rich flora. Bringing together Cofan traditional knowledge and the Museum's scientific rigor, we collected more than 400 species in fruit or flower (F). In nine days the team registered some 800 species, including species that are common (A, E), rarely collected (C, D), known previously only from the highlands (B), and possibly new to science (G). Many species are important to the Cofan as food (A) or medicine (C, G).

FIG.3A *Herrania* cf. *nitida* (Sterculiaceae)

FIG.3B *Billia rosea* (Hippocastanaceae)

FIG.3C *Aristolochia ruiziana* (Aristolochiaceae)

FIG.3D *Geogenanthus rhizanthus* (Commelinaceae)

FIG.3E *Brownea grandiceps* (Fabaceae)

FIG.3F Preparando muestas botánicas/Preparing botanical specimens

FIG.3G *Mayna* sp. (Flacourtiaceae)

3A

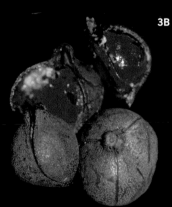

3B

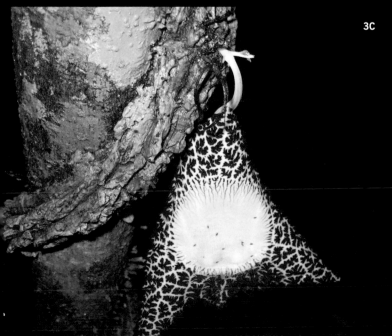

3C

3D

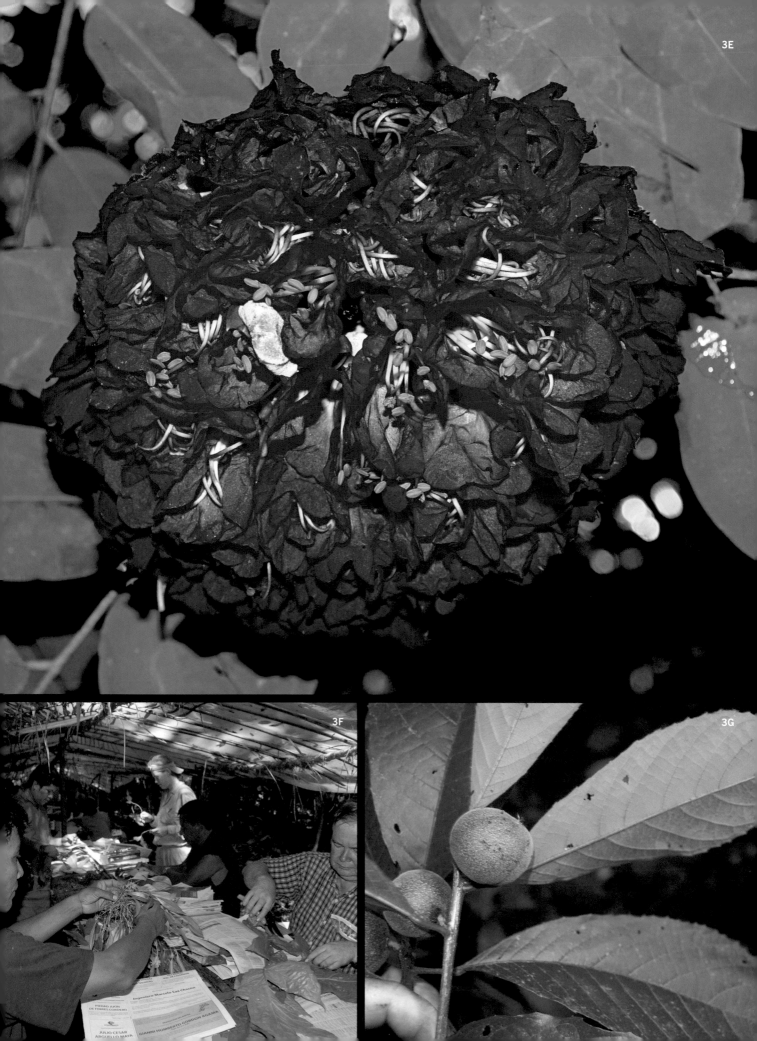

FIG.4 Macroinvertebrados son una indicación de la calidad del agua. Nuestros muestreos registraron 63 especies, principalmente en aguas limpias (A, B), pero encontramos agua recién contaminada en la parte sureste. Los caracoles (parte de la dieta Cofan), un algívoro (D) y los gusanos parasíticos (E) fueron inusualmente comunes./ Macroinvertebrates are an indication of water quality. Our surveys registered 63 species, mainly in clean waters (A,B), though we found recently contaminated waters in the southeast. Snails (part of the Cofan diet), an algivore (D), and parasitic worms (E) were unexpectedly common.

FIG.4A *Anacroneuria* (Plecoptera)

FIG.4B *Thraulodes* (Ephemeroptera)

FIG.4C *Pseudopalaemon* cf. *amazonensis* (Palaemonidae)

FIG.4D *Hydropsychidae* (Trichoptera)

FIG.4E *Gordiidae* (Gordioidea)

FIG.4F Muestreando macroinvertebrados/ Sampling macroinvertebrates (C. Carrera)

FIG.4G Identificando especímenes/ Identifying specimens (C. Carrera)

FIG.5 Durante el inventario, registramos 57 especies de peces, incluyendo 9 especies endémicas al drenaje del Aguarico, varias especies comunes (B, C, D) y especies raras (A)./During the inventory, we registered 54 species of fishes, including 9 endemic to the Aguarico drainage, several common species (B, C, D) and rare species (A).

FIG.5A *Acentrorynchus lacustris*

FIG.5B *Charax tectifer*

FIG.5C *Eigenmania virescens*

FIG.5D *Sternacorhynchus curvirostris*

FIG.5E Un espécimen para el museo/ A specimen for the museum (J. F. Rivadeneira)

5A

5B

5C

5D

5E

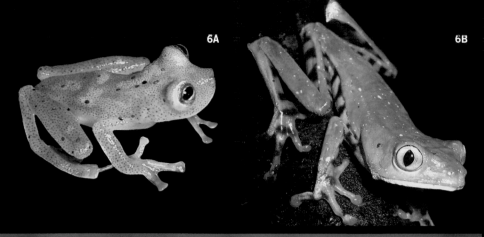
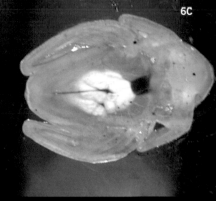

FIG.6 Esta región alberga la diversidad más alta de anfibios y reptiles conocida en el mundo. Durante el inventario colectamos 79 especies incluyendo unas ya bien conocidas (B, D, E), una nombrada para los Cofan (F) y unas probablemente nuevas para la ciencia (A, C)./This region harbors the highest known amphibian and reptile diversity on Earth. During the inventory we registered 79 species including ones that are well-known (B, D, E), one named for the Cofan (F), and ones likely new to science (A, C).

FIG.6A *Hyalinobatrachium* sp. nov.

FIG.6B *Phyllomedusa tomopterna*

FIG.6C *Hyalinobatrachium* sp. nov.

FIG.6D *Hypsiboas punctata*

FIG.6E *Gonatodes humeralis*

FIG.6F *Enyalioides cofanarum*

FIG.6G Muestreando culebras/
Sampling snakes
(M. Yánez)

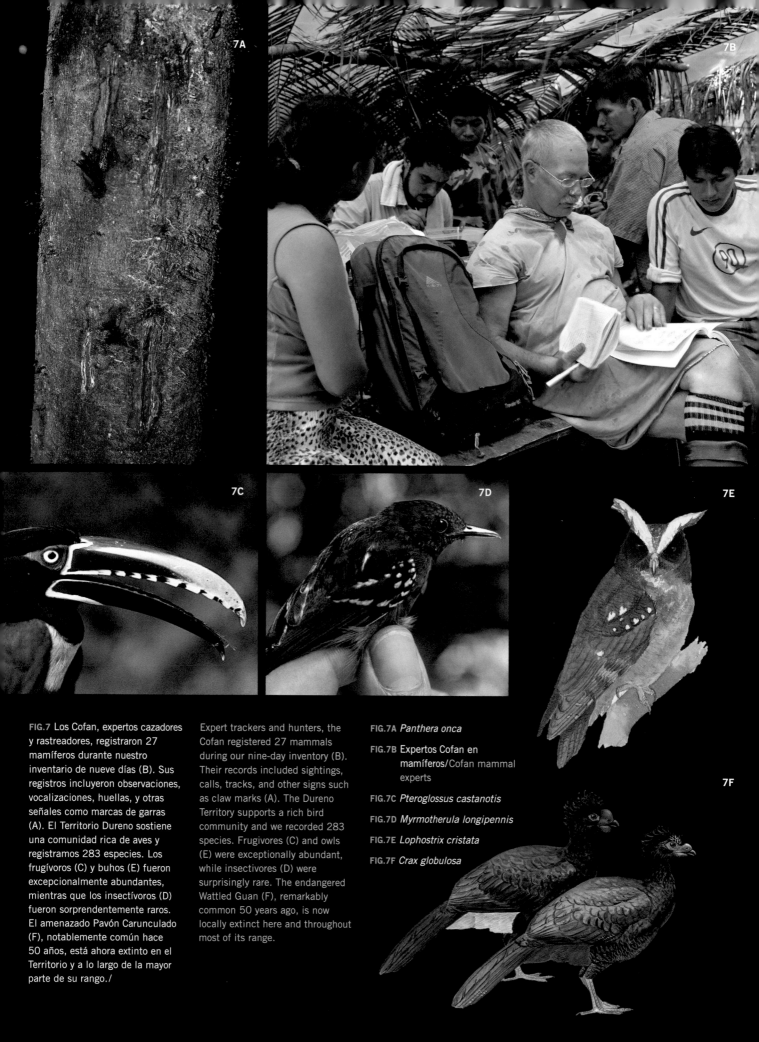

7A

7B

7C

7D

7E

7F

FIG.7 Los Cofan, expertos cazadores y rastreadores, registraron 27 mamíferos durante nuestro inventario de nueve días (B). Sus registros incluyeron observaciones, vocalizaciones, huellas, y otras señales como marcas de garras (A). El Territorio Dureno sostiene una comunidad rica de aves y registramos 283 especies. Los frugívoros (C) y buhos (E) fueron excepcionalmente abundantes, mientras que los insectívoros (D) fueron sorprendentemente raros. El amenazado Pavón Carunculado (F), notablemente común hace 50 años, está ahora extinto en el Territorio y a lo largo de la mayor parte de su rango./

Expert trackers and hunters, the Cofan registered 27 mammals during our nine-day inventory (B). Their records included sightings, calls, tracks, and other signs such as claw marks (A). The Dureno Territory supports a rich bird community and we recorded 283 species. Frugivores (C) and owls (E) were exceptionally abundant, while insectivores (D) were surprisingly rare. The endangered Wattled Guan (F), remarkably common 50 years ago, is now locally extinct here and throughout most of its range.

FIG.7A *Panthera onca*

FIG.7B Expertos Cofan en mamíferos/Cofan mammal experts

FIG.7C *Pteroglossus castanotis*

FIG.7D *Myrmotherula longipennis*

FIG.7E *Lophostrix cristata*

FIG.7F *Crax globulosa*

8A

8B

8C

FIG.8 El Territorio Dureno es lo
qué queda de uno de los bosques
tropicales más ricos del planeta.
Los Cofan han defendido este
remanente de bosque de la fuerte
presión de décadas de desarrollo
petrolero, construcción de
carreteras, y olas de colonización.
Sin embargo, el área sigue siendo
amenazada por la contaminación
de petróleo, nuevos caminos,
colonización no planeada, y un
aislamiento creciente./
The Dureno Territory is what
remains of one of the richest
tropical forests on the planet.
The Cofan have defended this
forest remnant from decades of oil
development, road-building, and
waves of colonization. However,
the area remains threatened by
oil contamination, new roads,
unplanned colonization, and
increasing isolation.

FIG.9A,9B Una comparación de
imágenes de satélite de 1986 y
1996 muestra la tala implacable
de árboles a lo largo de los caminos
y oleoductos en la selva baja cerca
a la ciudad petrolera deLagoAgrio.
En estas imágenes de Landsat, el
bosque aparece en verde y áreas
deforestadas de color naranja.) El
Territorio Cofan Dureno (indicado
por el cuadrado negro) es el parche
más grande de bosque remanente
se queda a 20 kilómetros al
sureste de la ciudad./A comparison
of satellite images from 1986
and 1996 shows the relentless
deforestation along roads and
pipelines in the Amazon lowlands
close to the oil town of Lago Agrio.
Green indicates forest, orange
deforested areas, in this Landsat
image.) The Dureno Territory
indicated by the black box) is the
largest remaining patch of forest,
20 km to the southeast of town

FIG.9C En primer plano, la
deforestación alrededor del
Territorio Cofan Dureno (indicado
por el cuadrado negro), en 2003.
En esta imagen del satélite ASTER,
areas deforestada aparecenen verde
claro y azul claro./A close-up view
of the deforestation surrounding
the Dureno Territory (indicated by
the black box), as of 2003. In this
ASTER satellite image, deforested
areas appear in pale green and
pale blue.

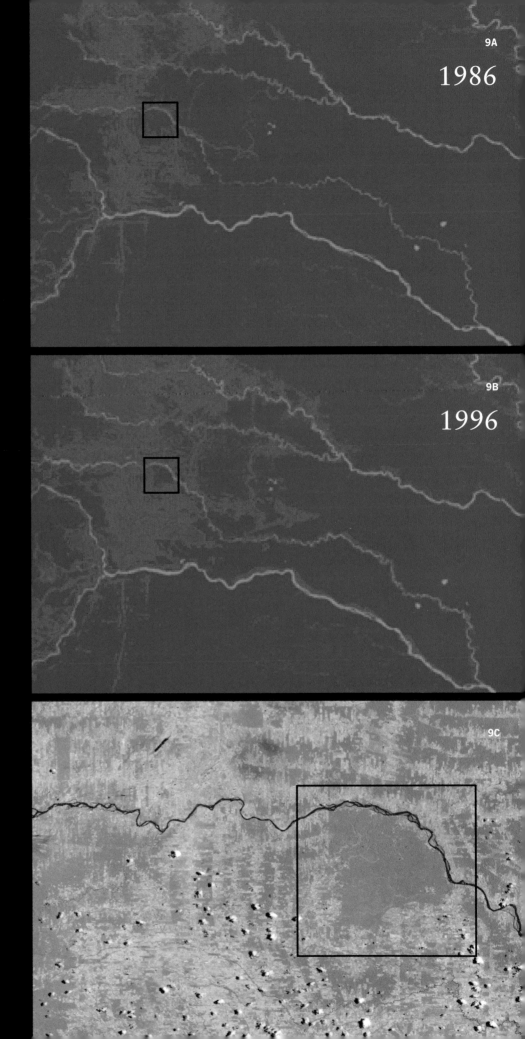

9A

1986

9B

1996

9C

10A

FIG.10 Dureno, territorio ancestral de los Cofan conocido íntimamente por los ancianos Cofan (A), es crítico para asegurar el futuro de los jóvenes Cofan (B). Los Cofan están comprometidos en proteger el área (C, D) y seis guardaparques voluntarios, incluyendo tres mujeres, (C, D), patrullan el límite sudeste del territorio. Hasta la fecha, los esfuerzos de conservación de los pueblos Cofan han sido exitosos. Sin embargo, las amenazas para el área siguen creciendo y los esfuerzos de los Cofan necesitan ser reconocidos formalmente para asegurar una protección duradera./ Dureno, an ancestral Cofan territory known intimately by Cofan elders (A), is critical for ensuring the future of young Cofan (B). The Cofan are committed to protecting the area (C, D) and six volunteer forest guards, including three women, patrol the southeastern boundary of the Territory. To date, the grassroots conservation efforts of the Cofan have been unequivocally successful. However, the threats to the area are unyielding and the Cofan's efforts must be formally recognized to ensure long-lasting protection.

10B

10C

TERRITORIO ANCESTRAL COFAN
LIMITE DEL CENTRO DURENO

10D

Conservación en Dureno

El pueblo Cofan recibió el título oficial de las 9,469 hectáreas del Territorio Dureno en 1978. Su lucha por defender su territorio ancestral de los cambios dramáticos arrasando la zona ya había empezado años atrás, en la década de los 60s. La presión actual sobre el Territorio Dureno, que ahora es un fragmento de bosque aislado, sigue aumentando. En el año 2005, los Cofan implementaron una zonificación en su Territorio, en la cual establecieron una zona estricta donde se prohíbe la cacería en su totalidad. Esta área—conocida como la Reserva Mundae (Fig. 10) con 1,928 hectáreas—servirá como un refugio de reproducción y así una fuente de especies de cacería para todo el Territorio. Aunque los Cofan han instituido un sistema de patrullas y guardabosques comunales para el área, su rol como protectores de esta región tan diversa e importante del Ecuador no ha sido reconocido oficialmente por el gobierno nacional.

Fig. 10

Las siguientes especies, comunidades biológicas y geológicas, tipos de bosque y ecosistemas son las más vitales para la conservación del Territorio Dureno. Algunos de los objetos de conservación son importantes por ser únicos para la región; por ser raros, amenazadas o vulnerables en otras partes del Ecuador o la Amazonía; por ser claves para los Cofan; por cumplir importantes roles en la función del ecosistema; o por ser críticos para un manejo efectivo a largo plazo.

Comunidades biológicas y geológicas	• Uno de los últimos parches de bosque de suelos ricos cerca de Lago Agrio; una farmacia natural para los Cofan
	• La laguna en Pisorié Setsa'cco, una formación única en el Territorio Cofan
	• Quebradas de fondos pedregosos encontradas solamente en las colinas de Baboroé en el Territorio
	• Hábitats acuáticos, especialmente quebradas que tienen sus cabeceras dentro del Territorio
Plantas vasculares	• 5–10 especies potencialmente nuevas para la ciencia
	• Docenas de especies con valor medicinal para los Cofan
Macroinvertebrados acuáticos	• Grandes poblaciones, en buen estado, del caracol *Pomacea* (Ampullariidae, Gastropoda), usado comúnmente por los Cofan en su alimentación
Peces	• Especies de alto consumo para los Cofan y de valor para el mercado, p. ej., bagres grandes
	• Especies ornamentales con potencial valor para el comercio
Anfibios y reptiles	• Especies con rango de distribución restringida en la cuenca amazónica alta del norte de Ecuador y sur de Colombia (*Cochranella resplendes, Hyloxalus sauli, Ameerega bilinguis, Enyalioides cofanarum*)
	• Poblaciones en proceso de disminución o con datos deficientes, como grupos de ranas de cristal

Anfibios y reptiles (continuacion)		(Centrolenidae), ranas veneno de flecha (Aromabatidae) y ranas nodrizas (Dendrobatidae)
	▪	Especies que aparentemente han desaparecido o ahora son muy raras en el área de Santa Cecilia (*Enyalioides cofanarum, Drepanoides anomalus*)
	▪	Especies de consumo para los Cofan y de valor comercial, como tortugas (*Chelonoidis denticulata*) y caimanes (*Caiman crocodilus, Paleosuchus trigonatus*)
Aves	▪	Especies de caza importantes para los Cofan, incluyendo Cracidae, Tinamidae y posiblemente Columbidae
	▪	Loros grandes, quienes juegan un papel importante como dispersadores de semillas y cuyas plumas son importantes para el traje tradicional de los Cofan
	▪	Aves frugivoras, especialmente especies grandes quienes podrían llenar los vacios dejados por mamíferos ahora ausentes en la region.
Mamíferos	▪	Especies de caza importantes para los Cofan, incluyendo sajino (*Tayassu tajacu; saquira* en Cofan), huangana (*Tayassu pecari; munda*), mono aullador (*Alouatta seniculus; a'cho*) y machin (*Cebus albifrons; ongu*)
	▪	*Priodontes maximus*, por ser una especie amenezada y posiblemente un agente primario de control de hormigas cortadoras de hojas (*Atta* spp.)

Los Cofan han permanecido solos defendiéndose de las presiones que han destruido una gran parte del Ecuador oriental y que amenazan fragmentar sus tierras ancestrales más aún. Hace falta que el Ministerio del Ambiente del Ecuador (MAE) reconozca la importancia biológica y cultural de estas tierras.

Petróleo

Desde los años 60s, las compañías petroleras han ejercido una presión incesante en el noreste de Ecuador (Fig. 11). El primer daño masivo al bosque fue su fragmentación, causada por los nuevos caminos de acceso y seguidos por la colonización y la deforestación. Los impactos causados por el petróleo continúan ahora: Hay derrames sin mitigar y contaminación inherente a la industria petrolera. La industria mantiene su presión para que haya explotación del "Campo Dureno," una reserva de petróleo dentro del Territorio Dureno. Para aprovechar la reserva, la compañía Petroecuador plantea perforar el paisaje con cuatro pozos nuevos y establecer la infraestructura de transporte, incluyendo conductos, caminos, y sistemas eléctricos. Su desarrollo significaría el fin de los ecosistemas frágiles y de las riquezas del Territorio Dureno.

Fig. 11

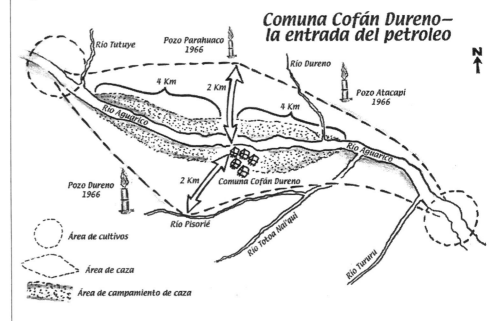

Nuevas vías de acceso y la colonización desordenada

Después de la explotación petrolera adicional, las amenazas al Territorio Dureno más severas serían la construcción de vías de acceso y la subsiguiente colonización, las cuales causan severa fragmentación y aislamiento del bosque.

Cacería y pesquería por ajenos

Grupos de colonos se encuentran en la zona colindante al oeste y al sur del Territorio Dureno. Con las especies de caza cada vez más escasas en las tierras despojadas, la presión de la caza y pesca furtiva dentro del Territorio crece de manera constante. Mucha de la presión se origina en Lago Agrio, en los mercados ilícitos de carne de monte. La comunidad Cofan percibe esta presión como una de las amenazas más críticas y preocupantes en su Territorio.

La tala ilegal

Vestigios de los años de la actividad maderera son evidentes a lo largo del Territorio Dureno. La tala ilegal por ajenos continúa amenazando el Territorio.

La cacería y pesca excesiva

Debido a que el Territorio Dureno se encuentra aislado de otros bosques cercanos, la cacería y pesca excesiva pueden causar la extinción de especies vulnerables.

Los métodos de pesca inapropiados

Métodos comunes de pesca en la Amazonía incluyen la pesca con venenos y explosivos, los cuales contaminan el agua y causan la muerte masiva de peces. El fácil acceso a los venenos comerciales que contienen rotenona constituye una amenaza grave.

Protección	01 **Adquirir formalmente el reconocimiento del Territorio Dureno por parte del Ministerio del Ambiente del Ecuador (MAE)** debido a la necesidad urgente de proteger sus riquezas biológicas y culturales.

02 **Establecer un convenio oficial con MAE que otorgue estatus y reconocimiento a los guardabosques comunales y a las medidas de protección y manejo ya existentes.**

03 **Coordinar con el MAE, la policía local, y el sistema judicial para hacer cumplir las leyes ambientales en el ámbito regional—implementando multas y sanciones— y usar la "Comuna Cofan Dureno" como un estudio de caso.** Por ejemplo, si un guardabosque halla a alguien utilizando veneno para pescar, el MAE procedería con las medidas necesarias para sancionar al infractor.

04 **Trabajar con el gobierno nacional para definir al Territorio Dureno como un sitio donde se prohíbe en su totalidad la actividad petrolera,** en reconocimiento a la importancia del Territorio para la cultura y la biodiversidad, y para compensar a los Cofan por los daños y perjuicios causados por la industria petrolera.

05 **Establecer reuniones formales entre los líderes Cofan y los líderes de las cooperativas de colonos colindantes** para promover acciones de colaboración, reconocer responsabilidades conjuntas, y reducir la presión de caza, pesca y otras infracciones ocasionadas por los colonos vecinos al Territorio.

06 **Establecer una zona de amortiguamiento al oeste y al sur del Territorio Dureno** a través de la compra de las fincas disponibles de los colonos para proteger la Reserva Mundae de las presiones de los alrededores y de los efectos de borde.

07 **Fortalecer las medidas de protección implementadas por los Cofan, incrementando el número de guardabosques comunales en los equipos organizados por turno, y vincularlos al sistema exitoso de comunicaciones establecido para los guardparques oficiales de los Cofan en otras áreas.**

08 **Fortalecer la protección efectiva de la Reserva Mundae** para asegurar su viabilidad como una fuente de especies de animales y plantas para todo el Territorio Dureno.

09 **Iniciar una campaña de comunicación y educación en las comunidades de colonos adyacentes** sobre el peligro de contaminación por el uso de herbicidas, insecticidas y otros venenos para la pesca.

El manejo de las especies de caza	Se recomienda desarrollar un plan de manejo para las especies vulnerables de caza y pesca, implementando vedas y restricciones cuando sean necesarias, además de los siguientes elementos:

01   Realizar reuniones anuales en la Comuna Cofan para analizar el estatus de
     los objetos de conservación—especialmente importantes para las especies
     vulnerables—y reajustar el plan de manejo según dichos análisis.

02   Mantener la prohibición de la caza comercial dentro del Territorio Dureno.

03   Continuar prohibiendo la entrada de cazadores ajenos al Territorio Dureno.

04   Establecer normas de caza para todos los mamíferos grandes (huanganas, sajinos,
     primates, armadillo gigante) y reevaluar los límites de caza cada año, tomando en
     cuenta los tamaños de las poblaciones.

05   Restringir la caza del mono aullador (*Alouatta seniculus*) para que sus
     poblaciones se recuperen, considerando su tasa de reproducción lenta.

06   Manejar la única tropa de huanganas (*Tayassu pecari*) de tal manera que los
     Cofan puedan maximizar su aprovechamiento y permitir a la vez su sobrevivencia
     a largo plazo.

07   Manejar las poblaciones del sajino (*Tayassu tajacu*), manteniendo una importante
     población de reproducción en la Reserva Mundae—la misma que serviría como
     una fuente para las áreas de caza.

08   Imponer una veda completa sobre la caza de las especies de *Crax* (si existiesen),
     Pipile y Psophia hasta lograr la recuperación de sus poblaciones.

09   Limitar la caza de *Penelope y Tinamus major* para incrementar sus cantidades
     y a su vez asegurar que sus poblaciones sean más robustas.

10   Establecer vedas temporales de pesca de algunas especies, basado en los
     estudios futuros (descritos más adelante).

11   Monitorear la pesca de las especies más grandes (por ejemplo, los bagres y otras
     especies importantes para los Cofan) para evitar el daño a las poblaciones por
     sobrepesca.

El monitoreo y vigilancia

01   Analizar las imágenes de satélite anualmente para detectar los cambios a
     gran escala dentro y alrededor del Territorio Dureno, para tomar las medidas
     correctivas adecuadas.

02   Estudiar las densidades de las especies importantes para los Cofan (animales
     de caza y aves de importancia ceremonial o cultural) en el Territorio Dureno de
     tal manera que en el futuro existan datos para la revisión y toma de decisiones
     anuales. Se debe empezar los estudios con las huanganas y sajinos, primates,
     Cracidae, Tinamidae y aves grandes como los guacamayos, *Amazona y Pionus*.

RECOMENDACIONES

El monitoreo y vigilancia
(continuación)

03 **Recopilar y analizar información sobre la presión de caza ejercida por los Cofan sobre los mamíferos y aves**, y realizar ajustes a las normas de caza con la información de las densidades de las especies antes mencionadas.

04 **Iniciar un programa comunitario de monitoreo de agua utilizando macro-invertebrados acuáticos** para tomar decisiones sobre las fuentes de contaminación y su erradicación. Entrenar a algunos miembros de la comunidad Cofan en técnicas de muestro de macro-invertebrados acuáticos (Carrera y Fierro 2001b).

Inventarios adicionales

01 **Establecer una estación meteorológica para documentar las precipitaciones y las épocas de sequía,** ya que la cantidad y distribución de las lluvias tienen un impacto significativo en la composición del bosque.

02 **Realizar inventarios intensivos de la mayoría de los grupos de organismos en las diferentes estaciones del año en el Territorio Dureno:** (a) Enfocar en las plantas grandes que conforman la mayor parte de la riqueza, p. ej., Araceae, Fabaceae, Lauraceae, Rubiaceae y Sapotaceae; (b) Establecer un muestreo a largo plazo de los niveles de contaminación de agua, notando patrones estaciónales; y (c) Realizar un inventario de especies de pesca importantes en la dieta de los Cofan, así como las posiblemente importantes para el comercio como especies ornamentales.

Investigación

01 **Evaluar el impacto del aislamiento de especies claves con el tiempo.** Se debe trabajar con los científicos que estudian los fragmentos de bosque cerca de Manaus para explorar las posibilidades de hacer comparaciones sobre las investigaciones y compartir las lecciones aprendidas. Analizar la viabilidad genética, la capacidad de carga, y los requerimientos de las áreas mínimas y de los tamaños de poblaciones para la sobrevivencia de las especies de importancia para los Cofan y para la riqueza del bosque.

02 **Investigar los impactos de contaminación del agua en las zonas bénticas de los ríos y corrientes.** Los científicos deberían trabajar con los Cofan para determinar las concentraciones de metales pesados en la fauna béntica.

03 **Documentar los niveles de reproducción, regeneración y patrones de crecimiento de las especies de plantas de interés para los Cofan** (p. ej., plantas medicinales, plantas alimenticias y especies madereras).

04 **Investigar la dispersión de las plantas por medio de las aves y los mamíferos grandes, enfocándose en las especies con semillas grandes,** como las palmas, Sapotaceae, Lecythidaceae, Moraceae, *Inga y Parkia*. Comparar los resultados de tales estudios con otros estudios en áreas prístinas (de bosque continuo) donde

los procesos de dispersión de semillas son más completos y complejos (por ejemplo los bosques de Cuyabeno, Yasuní).

05 **Investigar la migración y reproducción de algunas especies de peces** para determinar cuáles son las épocas más vulnerables que requieren manejo, concentrándose en las especies de importancia para la dieta de los Cofan.

06 **Estudiar la ecología y comportamiento alimenticio de las especies de peces ornamentales** para evaluar la factibilidad del manejo comercial de algunas especies.

07 **Investigar la ecología alimenticia de la lechuza *Lophostrix cristata*** para entender las razones ocultas de su abundancia en la Reserva Mundae del Territorio Dureno.

08 **Muestrear insectos** para determinar si una extraordinaria baja abundancia explica la baja densidad de aves insectívoras o si las especies claves de insectos hayan podido sufrir declives locales.

- El Territorio Dureno constituye la única oportunidad de proteger los bosques más ricos de la Amazonía, en la famosa región ubicada cerca de Santa Cecilia, donde el piedemonte andino se encuentra con las tierras bajas amazónicas.

- Los Cofan han creado la oportunidad de implementar un manejo que protege una porción significante de su bosque y que asegura el uso a largo plazo de los animales y plantas importantes para su salud y cultura.

- El Territorio Dureno es posiblemente el único bosque grande y aislado de la Amazonía con datos históricos y actuales existentes, lo que proporciona a los científicos circunstancias ideales para estudiar los impactos de fragmentación sobre las poblaciones de animales y plantas.

(*pa'cco a'ingae tevaen'cho jin'cho 17–28*)

ME'TTIAYE CAMBA NANI'CHO

Tsampini sema'jen'cho a'ta	23 de mayo–1 de junio 2007

Ande jin'cho	Dureno andeta tsu a'indeccu cansefa'cho tsa canque ta tsu ttu'cho puivofama, jin tsu majangae canjaen'cho. Tsa ande ta tsu Sucumbiosu toyacaen tansifani tsu jin'cho an'bian tsu 9,469 itariave, Aguarico otafangae. Aindeccu ta tsu camba coiraje'fa tsa tsampi jin'cho'majan singuccu ta tsu (Fig. 12). Tsampini jin'cho, toyacaen tsu jin Cajaen'qquian'caen tayo tutupoensi shuyojen'cho (Fig. 9). Pacco tsampisu naiqui su sta andeni jin tsomba tsu oshaje tsa naiquija Aguarico na'enga Pisuri qquen cocamandeccuja su'jefa.

Can shonquendijen'tti	Amazona'su tsampima gi camba shonquendi'je'fa ccoanifae'cco, Dureno canqque jin'choma. Tse'ttimbe inise ta tsu a'ingae inisian'fa'cho:

- Tsata stsu fae'ngatsssia ande 600m-ve tsu an'bian Aguarico na'en pavefani.

- Bavoroe tsu inisian'cho tsefanga a'ingae tres m-ve an'bian'cho tsa tsu jin Aguarico sepaccofani.

- Totoa Nai'qui'qque tsu a'ingae inisianfa'cho tsa tsu Totoa Nai'qui qquen su'choma. Tsa tsu Dureno canqque'su tsosiccufa'su ande 400m-ve an'bian'cho.

Fig. 12

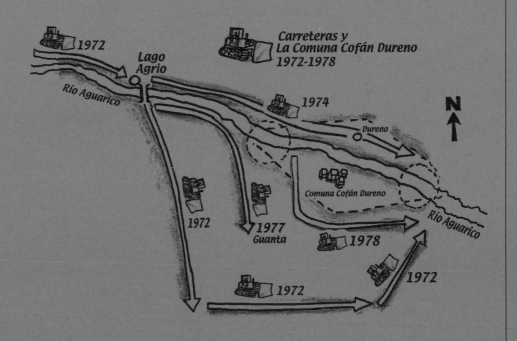

Tsaiquianfa gi 31 km-ve tsaiquima, tsomba gi canjaenfa ma'tti santssia ande toya'caen tssipaccu jin'choma, ma'ttita tsu 50 tsambi'ta 100 m-ve tsu tsa'ccuma an'bian sefa'suja. Qquen tsu tsai'mbi'tssi naiquija jin. Pisorie'quinga tsu osha'je'fa. Totoa Nai'qui Castille'qui tsu cocamangaeja Castillo, toya'caen tsu jin faesu chipiri nai'qui atesu'cho Guara qquen su'cho. Tsa'qque tsu Aguaricongayi batti'cho toya'caen jin fae chipiri singu'ccu. Tsama attepà gi in'janfa tayopita ti Coca na'en va Aguarico na'enga potacho qquen. Pa'cco singu'ccuta tsu fae'ngatssi tsa Dureno canqque'su andeja. Tsomba tsa ccotta'ccoja tayopija Aguarico na'en ñoa'me randesi tsambe anttepo'choa'can tsu. Ingi can'jen'tti'su Total Nai'quita tsu munda tsampi'su.

Tsa tsu an'bian 1,928 itariave a'indeccu coirapa an'bian'cho tsampi. Tsa tsampima tsu coira'je'fa osha'cho tsampini canjenqque'suma fi'ttimbe'yi. Cuintsu tsani osha'cho tsampi'sundeccuja atapapa canse'faye Dureno camqquembe.

Tsayi tsu ñotssia tsampija rande jin LagoAgri pporotsse. Tsa'ma enttinge ñotssia tsampi jin'cho ta tsu tayo nepi. Ca'tsayi metssi.

Pa'cco tsampi tsu tayopi quini'jima ttuttu'poensi ccase shoyojeqquia'can, tsa'cansi gi in'jan'fa tayopita ti tsa'caen tson'chombiquinijima ttuttu'poemba somboen'chombi qquen. Nai'qqui'qque tsa'caeñi tsu attian. Tayopi'su ñotssia tsa'ccu'qque tsa'cañi.

Castille'qui Dureno ande pporotsse jin'cho, ingi atte'chota amundetsse da'cho. Va nai'quita tsu faesu nai'quia'caeñi Dureno ande'su tsampi'ye panshan'jen. Tsa'cansi tsu Dureno andeja atteye mapan faesu andene petrorio tssan'nijan an'ningae pa'cco amundeyeya'cho tise oshapa ja'jeningae tssamba japa daño'ña'choma.

Pa'cco canse'cho jin'choma camba atesu'cho	Osha'cho tsampini jin'cho, tsuttapa, na'en'su, avu, torombandeccu toya'caen vatova osha'cho iyo, chhiriria tsambi'ja ca'tssi, toya'caen rande chochopa coenqque'su.
Ñotssia'ma ñoña'cho	Dureno canqqueta tsu rande tsampi utufani jin'cho. Tsa tsampini tsu osha'cho ñocca'tssia'ja jin. Tsama tsu tsai'mbi'tsse tsaiqui'quiamba can'fa'cho jin. 1978 toya'caen 1996-ni tsu pporrotssia'su tsampija tsaiquiamba can'fa'cho. Tsa'ma' 9,469 itaria tsu jin ñoa'me ñotssia tsampima camba atte'choja. Tsama tsu'anttembe'yi camba an'biaña'cho.

Tsaniñi tsu jin jai'ngae camba faesu bove ñotssia ñoa'me injenge'choma ccase camba bove ñotsse coirapa canseya'cho ñoña'cho. |

Fae cuadro. Dureno Ande'su osha'cho canse'choma camba agattopa ñoña'cho.

Fae canse'cho jin'cho	Camba antte'cho	In'jamba anatte'cho
Quini'si jin'cho	Ta tsu. 800	2000
Tsuttapa jin'cho	63	78
Na'en'su aña'cho	54	80
Singu'ccu otafa'su	48	62
Osha'cho iyo	31	54
Osha'cho chhajeqque'su	283	400–420
Rande chochopa coenqque's	26	39–40

Osha'cho quini'si

Dureno Andeninda tsu jin pa'cco osha'cho nai'quini san'ani toya'caen tsu jin na'en sombo'je'cho, singu'ccu, sinjunccu, ccottacco'cho, ccottacco'fa tise sefa'suta tsu majanjan 100m-ve an'bian, toya'caen tsosiccufa'su (munda tsampita tsu rande cuguccu. Tsa cuguccuta tsu pa'cco ingi canse'cho andema fuite'su. Tsa' tsu pa'cco Ecuador andema quinsian'jen. Ta tsu Cuyabeno'su tsampini jin'cho (Fig. 2A).

Tsaccupa quini'si

Va injan'tssia tsampima'qque gi atte'fa osha'cho canse'choma. Tsa osha'cho canse'chota tsu canse'fa 800-can'on tsa'ma tsu Dureno Antenijan jin 2,000-can'on. Tsenima gi atte'fa faefayi'cco tsambi'ta tivepa'cco ccaninga quini'si jin'choma. Toya'caen gi atte'fa faesu ingi atesumbichoa quini'sima. Tsa ta tsu ta rosa qquen su'cho quini'sia'can. Toya'caen gi atte'fa quini'jin randeve naqque'suma. Tsa tsu tayopi Durenoni jin'cho, tseite a'indeccuja tsampi'su seje'pai'ccu se'jepa canse'fa. Toya'caen rande quini'jinda tsu ingi yayaccasheyendeccu shavo'ñamba jacanqque'su. Shaga'tto, zupe'yo, tsindo, toya'caen faesu Vasu quini'cco tsu tsa Andenijan atapapa jin'fa.

Na'eni canseqque'sundeccu tsuttapandeqquia

Atte'fa gi 63-canen Dureno Andenima atte'cho tsu ti'tsse 78-canon na'eni canseqque'suja. Amazona'su tsampinga jacamba gi atesu'fa ma'caen osha'cho canse'cho jin'choma. Toya'caen sinccuninda tsu canse'fa acho choro toya'caen faesu choro tsa a'indeccu tayopi amba canseqque'su (*Pomacea*). A'inde chavambe aqquia indipa anqque'su choro tsu injan'tsse atapa'fa pui nai'qui jin'chonga. Toya'caen gi atte'fa pacco nai'qui jin'choma, tsa tsu pa'cco giyatssia'pa ñocca'tssia. Tsa'ma tansien Castille'qui tsu cocamandeccu petrorioma tssaña'ninda setsaningae pa'ccoma amundiaña'chota jin.

Osha'cho na'en'su

Atte'fa gi 54-caen ingi Dureno Ande'suma 80-ve atte'choma atte'cho in'janinda bove'ccoe. Tsa tsu 21-can'on canse'fa 38% na'en'sundeccu. Ingi cuname atte'chota tsu ccoa'ngi na'en'su tsa chiriri ccuivo Aguarico na'enga cuintsu atapaye. Toya'caen 14-yi'cco tsu jin faesu na'eni canseqque'suja. Tsama'qque gi in'jan'fa ñoñañe cuintsu sefambe'yi ti'tsse atapaye ja'ñonda tsu 25%-can'on can'je'fa pa'cco va Ecuador'su attembichondeqquia.

Osha'cho tivei'ccu mangupa jacanqque'su	Can'fa gi 79 canse'chondeccu jin'choma (48 na'eni canseqque'sundeccu, toya'caen 31 mangupa jacanqque'su tsuttapandeqquia), tsa 68% ingi Dureno Ande'suma camba antte'cho'suyi 62 na'ensundeccu tsu jin'fa. Toya'caen 54 mangupa jacanqque'sundeccu'qque. Camba antte'ttita tsu 28% canseqquesundeccu canse'fa. Tsa'ma ti'tsse faesu'qque tsu jin'faya camba antte'ttita, osha'cho ccaninga quini'si, te'ta, toya'caen na'eni canseqque'sundeccu tsa ccoanifae ande ande jin'tti. Tsa'ma ccoan'gi ccaningandeqquia canse'choma atte'facho tsu oan'oan ingi atte'jembindeqquia, tsa tsu ñoa'me injenge'cho canse'cho (Brachycephalidae y Centrolenidae), ñocca'tssia canse'cho jin cho tsa faefayi'cco mangupa jacanqquesundeccuma atte'cho Dureno ande'suma. Tsa osefa'pa japa camba atte'cho ñoa'me pa'cco ande'sune bove ñotssia.
Chhajeqque'su	Atte'ffa gi tsampi'su chhiriria me'ndasha'va canse'cho ta tsu (283-yiccoqquia'can'on canse'fa tsa tsampinijan). Pa'cco amazona'su chhiriria'can tsu, tsa'ma gi toya 40 faesu ccaninga've atte qquen vana'jen'fa. 10-can'on tsu shaca'fa tayopi canse'chondeccuja. Tsa rande chhajeqque'sundeccuve tsu zie me'in'on pa'cco ingi canse'cho tsampini.Tsa oma'ndo, pindo randendeccu canse'chove tsu zie me'in'on. Toya'caen dasarondeccu faesu sambirima indipa anqque'su chiririandeccu'qque tayopia'cambi tsu. Suye tayopija injantssi cungunga patu'fa omba'tssi Aguarico otafani can'jen'chondeccuve tsu me'in'on. Toya'caen faesu singu'ccu otafa'sundeccuve. Pisorie'qui toya'caen Totoa nai'quini tsu jin na'en tsambi'ta singu'ccu otafa'su chhajeqque'sundeccu na'en'suma anqquesundeccuja Faesu chhajeqque'su shaca'chondeccuta tsu osha'cho shipicco, iyofa ttumbuma anqque'sundeccu zie canse'fambi 15 tsambi'ta 20 tsa'candeqquia'tsu canse'fa Faesuta tsu quini'jinga ancanqque'sundeccu. Susana, toroze'nze faesu tsa'candeqquia canse'fa quini'cco tso'si'suma anqquesundeccu. Toya'caen cca'indeccuta tsu osha'cho tetachoma anqque'sundeccu canse'fa. Tsata tsu ñoa'me'qque injan'tssi canse'fa. Tsa ttetto'cho chipiri, bia'a, fu'ria, sapia nane osha'cho ccaninga toya'caen pa'cco osha'cho tise'pa teva'pama an'bian'chondeccu socu toya'caen faesundeccu.
Chochopa coenqque'su randendeccu	Ñoña'fa gi 26 panshamba 39–40 chochopa coenqquesundeccuma va Dureno Andeni canse'chondeccuma tse'tti'su a'indeccu atesu'fa'choma. 10 canqquefa'caen tsu anttepa cansepa ccase camba atte'fa injan'tssi munda canse'choma. Toya'caen 150 tsu canse'fa, faesuta tsu ijindeccu toya'caen ccafaiseyi'cco con'sindeccu ccaningandeqquia canse'fa. A'cho, con'sin, ongu, pavaraco, fatsi canse'fa tsa Dureno'su Tsampinijan. Toya'caen gi chipirima atte'fa junde atapaqque'suma. Tayopita tsu canse cusha con'sin, tsa tsu ja'ñojan me'in'on. Tayoyi canqquefa 1989-ni gi fae se atte'fa, tsaniñi gi sararoma'qque atte'fa, tsata tsu tayopi 1964-ni injan'tssi canse'fa'cho. Toya'caen tayopija ccovi tsu a'indeccu amba canse'cho. Tsa tsu jañoningaeja ñoa'me re'ri'cco canse'fa. Qquen ja'ñoningae ingi estudioi'ccu

Chochopa coenqque'su randendeccu

tsampinga can'nimba ingi tsampini canse'fa'choma atte'fa. Tsomba gi in'jan'fa anttembe'yi ma'caen tsampima coiraqque'su sema'mbane asi'ttaemba ñoñañe. Tsampija toya tsu jin tsa'suma caña'cho.

¿Mincomba Tsu Durenojan Injenge'cho?

Fae trampita tsu an'bian 9,469 hitariave va Ecuatoriano'su Amazoniajan. Tsa tsu petrorera canqque Lago Agrio'su tsampi ñoa'me'qque pui canqque'suma ti'tsse ñocca'tssia'ma an'bian'cho. Tsai'mbi'tssia tsaiqui tsu va tsampi jin'chomajan da'ño. Cocamandeccu tsu tsaiqui'quian'fa petroriove, tsomba tsu tsampima re'richovoe attu'faen'fa. Tsa tsu jin oestefani toya'caen estefani tsambi'ta tansifani tsu Cuyabeno'su coira'je'cho tsampi jin-Yasuri (Fig. 2A). Va tsampi jin'cho tsu tayopija Dureno Ande'suyi a'indeccu canse'fa'cho ande toya'caen tsampi.

Tsa tsampini tsu canse'fa osha'cho a'indeccu amba canse'fa'cho: andeccu'ye jacanqque'su, quini'si'ye jacanqque'su, chhajepa jacanqque'su. Toya'caen chhajeqque'suta tsu an'bian tise toseje injenge'choma. Tsama tsu a'indeccuja teta'ccoemba tsambi'ta otifaccuve ñoñamba tise'pa andyo'panga ñocca'e tisuma ñoñajamba canjeaba canse'fa. Tayo 50 canqquefama ti'tsse tsu Borma'mba Chiga tevaen'jema a'ingae tevaeñe jite tevaemba condase'cho, osha'cho tsampi'sune. Tsonsi gi injan'jenfa jañoningaeta tsu ñoa'me tsa osha'cho tsampini canse'suja nepiye tson'jen'fa. Tsa'cansi tsu injenge cuintsu ingi osha'ta tsampima coira'ta gi tseni cansesundeccuma'qque coira'faya'cho, cuintsu ingi dushundeccuja jai'ngae tse'suma amba canse'faye.

Va ingi canse'cho tsampinga tsu faesu a'indeccuja jipa can'ni'fa 60's tsa compañía petroriove ji'chondeccu. Tsaendeccu tsu a'indeccu canse'fa'cho Andenga jipa can'nimba andema chango'ngoen'fa tise'pa in'jan'chove tta'ttaye pa'cco va andema. Canqquefa 1970-ni tsu Lago Agrioja petrorero canqqueve da. Tsa'caen ashaemba tsu canqquefa 1972-nga toya'caen 1974-nga caro ja'jeya'cho tsaiquive ñoña'fa. Tsa'caen tsaiquian'fasi tsu tsai'mbi'tssi cocamandeccu vani ingi canse'cho tsampinga ji'fa. Tsa'caen jipa tsu tisu'pa andeve isu'fa a'indeccu canse'cho andemajan. Ingi a'indeccuja pa sefapa gi re'ri'cco canse'fasi tsu tsampija injan'tssi. Tsa'caen jipa tsu tsampima tsaiqui'quiamba cha'ttufa pui a'i tisumbe tisumbe. Tsa'caen cocamandeccu tson'jenfani gi ingi'qque canqquefa 1978-ni andema tisumbe isu'fa tevaen'jein'ccu ñoñamba. Ingi tsa isu'sui'ccu tsu texaco'qque jipa ti'tsse faesu tsaiquive Durenombe oestefanga randeve tsaiquian (Fig. 12, p. 40). Tsa'caen tsomba ñoa'me injan'tssi cocamandeccu jipa can'ni'fa ingi canse'cho tsampinga. Tsa'cen jipa tsu pa'cco tsampini canseqque'suma'qque sefaen'fa.

Tsonsi gi ingi'ja tisu'pambemajan pa'ccoma sefaensa'ne re'riccoeyi fitti'jeya'chove ñoñamba enttingemajan coiraqquen tson'jen'fa. Cuintsu ingi tsampini canse'choja utunga pa'cco sefambe'yi ti'tsse canse'faye. Tsa'camba gi tsampimajan ja'ño pan coiraqquen vana'jen'fa. Osha'ta ñoñamba antteye cuintsu a'indeccu tse'ttinga can'nimbi'si tsampi'sundeccuja atapa'faye. An'bian'fa gi 1,928 itariave ingi andema a'ima se'pi'chove (Fig. 13, p. 47) canjaen'choma.

Toya'caen Durenonda tsu tisu'pa canse'choma'qque toeningatsse an'bian'fa. Tsa salelite canjaen'choma qui (Figs. 2B, 9) atteye osha'fa a'indeccu canse'cho tsampima. Ccafae'ta tsu ñoa'me quia'me tsampima sefaemba jiña'fa. Tsa'ma ingi canse'choma gi sefaeñe in'jambi'pa ccani'su nasundeccuma iñajan'jen'fa ma'caen tise'pa fuite'fasi ingi andeni tsampi jin'choma coiraye. Ingi trampita tsu pa'cco faesu ande'sune ti'tsse ñotssia.

Durenoma Coira'je'cho

JA'ÑO MA'CAEN TSOÑA'CHO

Aindeccuta tsu isupa an'bian'fa tisu'pa andema 9,469 itariave Dureno Ande'suma. Tayopi canqquefa 1978-ni tsu ashaemba vanamba iyiccopa tisu'pa andeve isu'cho. Tsa'ma tsa'caen isu'ni'qque tsu faesu a'indeccu cocamandeccuja ti'tsse ingi'ma itsaqquen vana'jen'fa. Nane canqquefa 1960-ni ashaemba gi tisu'pa tsampi antteye'choma coirapa tscni canse'choma ti'tsse alapoen qquen vana'jen'fa. Tsomba gi tse'suveyi attufaeñe in'jan'fa, cuintsu tsampi canse'chondeccuja optase cansepa atapa'faye. Tsomba gi andema toya'caen tsampima attufaemba ñoa'me quia'se me'pi'fa majañi'qque can'nimbe can'faye canqquefa 2005-ni. Va tsampi Mundaeta tsu (Fig. 13) an'bian 1,928 itariave. Tsa tsu cuintsu tsampi'sundeccu can'jemba atapapa canse'faya'cho. Aindeccuta tsu va andema coira'je'fa nai'qui, tsaiqui ccotta'cconi jacamba tsa'ma tsu Ecuador'su ñoa'me na'sundeccuja tsa atesu'fambi ñoa'se me'pi antte'chove.

Fig. 13

Pa'cco canse'cho, canqque'sundeccu, ombani jin'cho toya'caen tso'sini jin'cho, tsampini jin'cho pa'cco faesu tsu Dureno Ande'sundeccu camba coira'je'cho. Majan jin'chota tsu sefaya'choyi, suye gi in'jan sefaqque'su quini'si, canse'cho, asi'ttaenqque'sune gi ñoñañe in'jan'fa cuintsu pa'cco opatsse jai'ngaenia'ngae tsangae canse'faye.

Osha'cho pa'cco cansia jin'cho toya'caen ande tsosini jin'cho canqque	▪ Lago Agrio pporotssi'su tsampini tsu jin sejepa tsampi a'indeccune bare'cho. ▪ Pisorie singu'ccu setsacconi tsu jin ñotssia ande a'indeccu canse'cho. ▪ Toya'caen tsu jin nai'qui patutuquivoa Bavoroe ccottacco'fae ji'cho Dureno canqquenga. ▪ Tsani tsu osha'cho nai'quija jin'fa toya'caen tsani tsu canse'fa na'eni canseqquesundeccu'qque.
Quini'si tsaccupandeqquia	▪ Faefayi'cco toya'caen tivepa'cco canse'chondeccu tsu canse'fa. ▪ Tsai'mbitssi quini'si tsu jin'fa a'indeccu se'jepa canse'faye.
Rande tsuttapadeqquia na'eni canse'fa'cho	▪ Jin tsu oshacho anqque'su choro a'indeccu amba canse'fa'cho.
Na'ensundeccu	▪ Osha'cho na'en'su anqque'su cuintsu a'indeccu amba canse'faye toya'caen chavaen'faye, jin tsu ccuivo rande. ▪ Toya'caen tsu jin osha'cho te'ta chavaeñe injenge'cho.
Osha'cho tivei'ccu mangupa jacanqque'su	▪ Osha'cho chavaenqque'su ñotssia tsu jin'fa Amazoniani Ecuador tsovejufani toya'caen Colombia tsosiccufani. ▪ Osha'cho injenge'cho tsampini canse'cho tsu nepiye tson'jen'fa. Toromba sejepapa toya'caen faesumbema isupa coeñaqque'sundeccu.

Osha'cho tivei'ccu mangupa jacanqque'su	• Tayopi jin'chondeccuja tayo tsu nepi'fa. Re'ri'cco tsu cnse'fa Santa Ceciliani.
	• Toya'caen tsu canse'fa a'indeccu amba canseqque'su toya'caen chavaenqque'su, cuintsu a'indeccuja chavaemba canse'faye. Charapa toya'caen vatova.
Osha'cho chhajeqque'su	• A'indeccu panzapa amba canseqque'su aña'cho.
	• Oma'ndo tsambi'ta ccachapa randendeccu osha'cho tetachoma tise'pa ttetto'chonga isupa ccani angapa catisi tse'ttinga sho'yoenqque'su tsu canse'fa. Toya'caen tise'pa tosejeta tsu bare a'indeccu osha'chove ai'voma ñoñajañe ñoñaqque'suve bare'chondeccu.
	• Toya'centsu canse'fa faesu chhajeqque'su osha'cho tetachoveyi an'jendeccu. Tsa tsu ja'ñojan re'ri'cco tayoe'ja injan'tssia tsu.
Chochopa coenqque'su coenqque'su	• Aindeccu panzapa amba canseqque'su ñoa'me injenge'cho. Saquira, munda, a'cho,ongu.
	• Tsa canse'chondeccuja pa sefaji'fa panshen osha'choma da'ñomba. Tsa tsu simaccondeccu.

A'indeccuja tisu'payi tsu tisu'pa andema coirapa canse'fa ccane jipa da'ño'choma se'pipa. Cane ji'chondeccuja pa'ccoma da'ñomba tsu ti'tsse faesuma'qque da'ñoñe in'jan'fa. Tsa'cansi tsu injenge nasunde pa'cco va ñotssia jin'choma daño'jendeccuma camba iyu'uye va ñotssia Ecuadorni jin'choma pa'ccoma sefaenfasa'ne.

Petrorio

Canqquefa 60-ni tsu comñia prorerandenccuja ji'fa va Ecuadornorestefanga (Fig. 14). Tsa'caen jipa tsu va tsampimanda me'ttiaye daño'fa. Ccocamandeccu tsu can'nimba tsampi ji'choma ttuttu'poen'fa. Tsani ashaemba tsu jañongae toya tsampima ttuttupoen'jen'fa. Toya'caen tsu tsa tsampi'su nai'quinga petroreoma tssañamba amundian'jefa pa'cco tsampi'su giyatssia tsa'ccuma. Tayo tsu petroreoma somboeñe andema changoen'fa Dureno ande'suma. Tsa'caen tsu Petroecuadorja tsampi jin'choma tsaiquiamba andema changoen'fa ccattufayi'ccoe. Tise'pata tsu an'bian'fa can'niña'cho tevaenjema. Cuintsu jai'ngae can'niñe. Tsa tsu suye in'jan jai'ngaeta tsu Dureno Ande'su osha'cho jin'choja nepiya.

Fig. 14

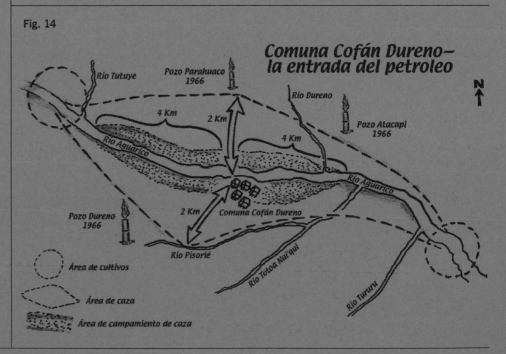

Comuna Cofán Dureno—
la entrada del petroleo

Río Tutuye
Pozo Parahuaco 1966
Río Dureno
Pozo Atacapi 1966
4 Km
2 Km
4 Km
Río Aguarico
Río Aguarico
Pozo Dureno 1966
2 Km
Comuna Cofán Dureno
Río Pisorié
Río Totoa Nai'qui
Río Tururu

Área de cultivos
Área de caza
Área de campamiento de caza

Cocamandeccumbe cuna tsaique tsu jin osha'choma jai'ngae dañoña'ch

Petroreove can'nimba tsu andema'qque itsa'faya jai'ngaeja. Nane pui canqquefa tsu ti'tsse'o a'i jipa atapa'ñacca'fa va tsampi jin'chonga.

Cca'indeccu panzapa toya'caen na'en'suma an'jen'fa

Cocamadeccu tsu can'jen'fa Dureno Andembe oestefani toya'caen surnifani. Tsa'camba aña'choja pui canqquefa bove'ccoe daji. Tsendeccuja Dureno ande'suma panzapa tsu chavaenjenttinga angapa chavaen'jen'fa. Tsa'cansi tsu Dureno'su a'indeccuja asi'ttaemba vana'jenfa ma'ccaen tsoña'chove atesumbi'pa.

Tsampima daño'fa'cho

Dureno Ande'suma ttuttu'poen da'ño fa'cho tayopi toya'caen jai'ngae daño'faya'cho. Antte'fambi tsu tsampinga can'niña'choma. Ccane ji'chondeccuja osha'cho ñotssia jin'choma tsu isuye in'jan'fa.

Tsampi'suma toya'caen na'en'suma fitti'je'fa'cho

Dureno su Andeta tsu tisie cho cco, tsa ma tse tti pporotsse tsu jin faesu tsampi, Tsani qque tsu osha cho canse chondeccu jin, tsa cansi tsai ccu fae ngae dañosi fae ngae vana fasa ne.

Na'sumbembichoa jin'cho ma'caen tsoña'cho

An'bian'fa tsu tisu'pa ma'caen tsomba na'en'suma indi'je'choma tssama tsu cca'ija ega pa'ccoma sefaenqque'su seje'pai'ccu daño'jen'fa. Tacoi'ccu tacoemba toya'caen faesui'ccu pa'cco na'en jin'choma amundian'jen'fa. Tsa'cansi tsu puiyi'cco na'eni cansesundeccuja canseye oshambi'pa pa'je'fa. Faesu a'indeccuja chavaeña'chove panzaye seje'pai'ccu ai'yembe osha'cho san'an'su toya'caen chhajeqque'su, na'en'suma'qque fitti'je'fa. Qquen faesu andene ji'chondeccu tson'jensi tsu ñoa'me aiye'pave da osha'cho canseqquesundeccu canse'faye. Tsa'camba tsu tsampini can'jemba sema'jen'cho a'ta jinchoya'cho, cuintsu osha'ta jai'ngaene osha'cho canse'cho jin'choma coirapa pa'cco jin'choma cansiañe.

Cajaen'cho

01 Ecuador'su tsampi'su na'su tsu atesuya'cho va dureno andeni tson'jen'choma tsambi'ta da'je'choma. Fuitepa a'indeccu canse'pama toya'caen pa'cco tsampini jin'cho canse'choma toya've junde ñoñañe panshen sefaensa'ne.

02 MAE tsu fae in'jamba ñoña'choma afeya'cho Dureno canqquenga. Toya'caen tsampima coirasundeccumatsu atesuya'cho tsomba tsendeccuma fuiteya'cho, cuintsu dyombe'yi ti'tsse tsampima coira'faye.

03 MAEi'ccu fae'gae ñoñamba mandaya'cho tse'tti'su tsambi'ta pporotssia'su sundarondeccuma, toya'caen tsa'su nasundeccuma cuintsu ta'ya've pañamba tsa'caen tsoña'chove ñoña'faye. Tsonsi tsama pañamba (multa) afe'poeña'cho toya'caen ñotssia sema'mbaye somboye. Tsanenda tsu Dureno canqquenima atesuya'cho ma'caen daje'choma. Qquen: Tsampima coira'su nai'quima sejepaen'jen'choma attepa conda'nijan MAE tsu cañacho ma'caen tsa a'i afe'poeñe tsambi'ta tise ñotsse tson'jen'choma qqueñañe.

04 Pa'cconi'su nasui'ccu semaña'cho Dureno Andema quia'me se'piye, cuintsu petrorero'sundeccu can'ninmbe can'faye. Toya'caen atesu'faye ma'caen a'indeccu canse'pa toya'caen pa'cco tsampini jin'cho da'ñombe can'faye. Faesuta tsu jin da'ño'chone afepoeña'cho.

05 Bo'faya'cho tsu canqque'su nasundeccu toya'caen cooperativa'su cocamandeccu a'i canqque tsambi'ta tsampini utufani canjensundeccu. Tsomba fae'ngae fuitecco'faya'cho. Atesu'faya'cho tsu faengasuma da'ñombe cañe. Toya'caen tsampi'suma panshen fi'ttimbe cañe, majan cocamandeccu a'indeccu canse'cho tsampi otafani canjen'da.

06 Dureno ande'su oestefa toya'caen surfama ñoña'ngiambe can'faya'cho. Mundae'su tsampi jin'chosuma'qque can'nimbe antte'faya'cho daño'sa'ne.

07 A'indeccu in'jamba tson'choma anttembe'yi tsa coirasundeccuja tson'jen'faye fae naccu japa jisi faesu naccu ja'je'faye. Toya'caen tise'pa afa'je'choma'qque anttembe'yi afa'je'faye mingae dasa'ne.

08 Mundaema camba coiraya'cho, cuintsu ti'tsse ñotsse daye, cuintsu osha'cho tsampi'su canse'cho ñotssiye, toya'caen quini'jin'qque nanitssi jiñe Dureno Ande'sumbe.

09 Afa'jeya'chove ashaeñe toya'caen cocamandeccuma atesiañe cuintsu osha'cho paqque'su seje'pai'ccu na'en'suma fi'ttimbe can'faye.

Ma'caen tsampi'suma tsoña'cho

Conda'fa gi ma'caen san'an'suma panza'je'cho'su toya'caen na'en'suma panza'je'choma. Tsa'ma gi ñoña'faya'cho sefasa'ne:

01 Comuna Durenoni gi pui canqquefa bo'faya'cho ma'caen coiraya'cho tevaen'jeme somboeñe osha'cho vani su'chone, cuintsu ñotssiye. Tsomba ma'caen ñoñan'da tsa'caen tsoñe.

02 An'biañe osha'cho Dureno Ande'su cansendeqquia'ma chavaembe cuña'cho tevaen'jema.

03 Anttembe'yi sepi'jeye faesu ande'su panzasundeccu Dureno Anden'ga can'ni'fasa'ne.

04 Tsampi'su rande anqque'suma ma'caen panzamba canseya'cho munda, saquira, cantimba toya'caen faesuma ma'caen tsomba panzaya'cho pui canqquefa. Toya'caen tsu atesuya'cho mani tsu canse'fa.

05 A'choma ma'caen tsoña'cho cuintsu ti'tsse atapa'ye. Tise'pata tsu re're'cco canse'fa. Tsendeccufa tsu ñoa'me vasia've atapaye atesu'fa.

06 Munda sefaji'choma ma'caen coiraya'cho, cuintsu sefambe cañe A'indeccuta gi atesu'fa ma'caen tsomba coiraye pa'cco sefasa'ne.

07 Saquirama ma'caen tsoña'cho. Saquirata tsu mundane bove'ccoa tsa'ma tise'pama ma'caen ñoñamba antte'ninda tsu Mundae tsampinga atapa'faya.

08 Pa'cco tsampini canseqque'sune ñoñañe cuintsu atapa'faye tisu'pa canseni.

09 Panza'je'choma antteye, cuintsu tise'pa atapasi attepa agattopayi fitti'je'faye, cuintsu ba've canse'faye.

10 Majan na'en'suma cañe atesuye jongoesuyi tsu jin tsambi'ta canse'fa jai'ngaene atapaya'choveja.

11 Cañe na'eni rande cansesundeccuma jongoesu na'en'su tsu a'indeccune ñotssia'ja na'enni jin. Cuintsu tsama coiraye tise'pama da'ñombe can'faye.

Camba attembe'yi coiraya'cho

01 Pui canqquefa tsa satelite canqque'sui'ccu caña'jeñe, na'en tso'si'suma toya'caen ande ombani jin'choma. Tsomba bove ñotsse coira'je'faye. Dureno andeni canse'faya'choma.

02 Tta'ttaya'cho tsu pa'cco jin'choma, jongoesu andeni toya'caen na'eni jin'cho tsu a'indeccune ñoa'me injenge'chota tsampi'su na'en'su, chhajeqque'su toya'caen tsampi'su quini'si a'indeccune injenge'choma pui canqquefa caña'jeñe. Tsa'caen caña'jeña'chone ñoñañe tsomba anttembe'yi munda, saaquirama camba coira'jeye. Toya'caen oma'ndo pa'cco Amazona'su chhajeqque'suma: Graciade, Tinamedaema.

Camba attembe'yi coiraya'cho

03   Pa'cco canse'cho a'indeccu an'jen'fa'choma ñoñañe ma'caen panshen sefaembe can'faye, pa'cco vani condase'cho cansiandeccu'ma, chochopa coenqque'su toya'caen chhajeqque'suma.

04   Canqquei'ccu ñoa'me ma'caen anttembe'yi tsa'ccuma tsambi'ta na'ema caña'jeñe ma'caen tsomba pa'cco na'en'su tsuttapandeqquia'ma coiraye. Canqque'su a'indeccuyi tsu atesu'faya ma'caen tsoña'choma (Carrera y Fierro 2001b).

Tisu'pa tsomba canseya'cho

01   Pa'ccoma camba ma'caen tson'jen'cho'su tevaen'jeme tsu ñoñaña'cho jai'ngae atesuye. Coejefani mingae da'je'choma toya'caen unjinfuite ma'caen tsampi'sundeccu da'je'choma atesuye.

02   Ashaeñe ma'caen Dureno Ande'su canse'chondeccu pui canqquefa da'je'choma. Quini'jin tsambi'ta quini'si namba atapa'jechoma atesuye, Cuyabeno toya'caen Yasununuma'caen. Pa'cco jin'choma camba teva'vaemba condaseye ashaeña'cho ma'caen a'indeccu tsampi'suma panshen sefaembe can'faye tsa chochopa coenqque'su toya'caen chhajeqque'suma. Fae tevaen'jema ñoñañe pa'cco tsampini jin'chone tsa tayo condase'chone, cuintsu puiyi'cco atesu'faye ma'caen tson'chove. Canqque'sui'ccu ñoñaña'cho tsa'ccuma caña'jeña'cho tevaen'jeme. Tsomba tsai'ccu pa'cco na'en'su tsuttapa canse'choma caña'jeñe.

Camba atteya'cho

01   Atesu caña'jeña'cho tsu tsambi'ta camacan'jeña'cho tsu mingae joccaningae o jai'ngae da'ñacca'choma atesuye. Tsomba tsu atesu'cho tsa cientifico qquen su'fa'choi'ccu fae'ngae semaña'cho pa'cco tsampima. Tsa'camba tsu ñoñaña'cho faesu tsa osha'choma caña'jeña'chove (Manua). Qquen tson'jen'da qui atesuya pa'cco canse'chondeccu ma'caen pui canqquefanga da'je'choma. Qquen osha'choma ñoñamba qui atesuya a'indeccu canse'fa'cho tsampi jocaningae mingae daya'choma.

02   Tsa'ccu amundetsse da'je'choma tsu caña'cho majan nai'qui tsa'caen da'je'choma toya'caen maningae tsa nai'qui oshapa ja'je'choma. Atesu'chondeccu tsa cientifico qquen su'chondeccuja a'indeccui'ccu tsu fae'ngae sema'faya'cho. Ma'caen pa'cco tsampi'su jin'choma ñotse camba jongoesu toya'caen ma'can canse'cho jin'choma inja'jeñe.

03   Atapa'je'cho tevaen'jeme tsu ñoñaña'cho jai'ngae a'indeccu an'biaña'chone osha'cho quini'jin, quini'si a'ine seje'pa injange'cho shacambe jinchoye toya'caen anqque'su tetacho'jin tsambi'ta anshanqque'su tetacho jinchoye.

04   Toya'cen gi can'faya'cho chhiriria tsambi'ta osha'cho chhajeqque'su anqque'su tetacho tsampini jin'choma, toya'caen chochopa coenqque'su randendeccu anqque'su sapote toya'caen faesu tetacho jin'choma ma'caen tsomba bove ñotsse an'biañe.

05 Can'faya'cho gi osha'cho na'en sundeccu cani'jen'choma'qque. Minga'ni tsu cajene ansundepa pa'cco na'quingaja can'ni'fa. Cuintsu a'indeccuja tsa cani'suma indimbe toya'caen ambe can'faye.

06 Atesu'faya'cho gi osha'cho tsampi'suma na'en 'sundeccu anqque'suma minga'ni toya'caen jongoesu shequepama tsu an'jen'fa.

07 Mundae tsa Dureno Ande'su tsampima tsu caña'cho tsa osha'cho cose jacanqque'su chhajeqque'su amba canse'choma atesuye. Jongoesuma amba te injan'tsseja tsesundeccuja atapa'fa tsa tsampi'fanga?

08 Osha'cho shoshoviccuni canjenqque'su ttumbu toya'caen faesundeccuma cañe. Jongoesu o majandeccute tise'pamajan añe atesu'fasi vanamba canse'fa?

- Dureno Ande'su tsampiyi tsu ti'tsse injenge tsama camba osha'cho tsani jin'choma camba coiraye, jova Santa Cecilia pporotssia'su ande tsa ccotta'cco ji sefa'tti'su.

- A'indeccuta tsu ñoña'fa tisu'pa andema camba coira'je'cho tevaen'jema tsa ñocca'tssia amazonia'su tsampini jin'choma Dañosa'ne. Tsama tsu tsangae tsa'caen an'biaña'cho joccaningae anttembe'yi, cuintsu bove ñotsse jaye. Toya'caen pa'cco jinsi a'indeccuja quinsetsse canse'faye toya'cen tisu'paningae canse'choma'qque tsa'cania'ngaeyi tsomba canse'faye.

- Duereno Andetsu ñoa'me fae'ccoa osha'cho jin'choma attufaemba pa'cco amazona'suma an'bian'cho. Tsani tsu jin pa'cco tayopi'su condase'cho suqquia'caen puiyi'cco gi atesu'fa.

DURENO CANQQUENE RE'RI'CCOE CONDASE'CHO

Randy Borman tevaen'cho.

Tayopi europeondeccu tsu a'indeccu canse'fa'cho tsampinga ji'fa. Tsendeccuja ñoa'me injan'tssi jipa tsu tsa tsampinga can'nimba a'indeccu canse'chonga napi'fa. Tsa'caen napipa tsu tsaiquiamba can'ni'fa tsata tsu ñoa'me su'cho. Jin tsu tise'pa tayopi can'ni'cho canjaen'cho toya'caen ma'ttinga napi'fa'cho. Tsa'caen atte'fa'si tsu tsa'su nasundeccuja manda'fa cuintsu ti'tsse faesundeccu can'nimba osha'ta tsa a'indeccu an'bian'choma itsa'faye. Tsonsi tsu itsasundeccu españa'sundeccu ti'tsse can'ni'fa va tsampi a'indeccu canse'fa'chonga. Tsa'cen jipa tsu itsapa ja'fa Aguarico setsaningae toya'caen San Miguefanga'qque na'pi'tsse.

Tsa'caen tsendeccu can'ni'fasi tsu paqque'su'qque a'indeccu canse'fa'chonga napipa a'indeccuma sefaen. Tsa'caen tsa paqque'sunga pa sefajipa tsu tayo re'ri'ccoe dapa tise'pa cn'jen'ttie ccuyayain jaja'fa majanjan na'en setsaningae faesuja na'en ombaningae tsa siglo XX-ni. Tsa'caen dapa tsu a'indeccuja ñoa'me re'ri'cco canse'fa. Tsa'caen da'chopa tsu pa'cco tsampi jin'choni tayopi a'i cansepa osha'choma tsomba cati'choja jimba atteye'je jañoningae'qque. Tsama ja'ño tta'ttaye ashae'nda qui vanambe atteya tayopi'sundeccu tson'choma.

Qquen tsu dapa tayoe'ja Durenojan ñoa'me chipiri canqque. Tsa tsu jañoningaeja ti'tsse'o a'ive atapa. Tsa tsu ingi ja'ño in'jan'cho pa'cco tsampi'su nai'quita tsu a'indeccu tayopi jacamba canse'cho. Tise'pa jacamboen'fa'cho nai'quita tsu: Pisorie, Totoa Nai'qui (Aguas Blancas), Cujavoe, Tutuyé (Teteye), Tururu tsa tsu ja'ño Dureno qquen inisian'cho.

Tsa canqqueta tsu ñoa'me ñotssia ande jin'cho. Jin tsu ccoanifae'cco: fae'cco ñotssiata tsu giyatssia ande, sisipa ande tise'pa ja'ño canqquiamba canse'tti. Sisipa andetsu attian cuintsu a'indeccu tsampima ttuttu'paemba andema giyaeñe'jan. Tsonsi tsu tsa'caen tsomba a'indeccuja fae'ttinga canse'fa mingae dambe.

Faesuta tsu injan'tssi inayova jin'cho tsa tsu a'i se'ccove ñoñamba osha'cho tsampi'suma panzapa canse'fa'cho. Toya'caen tsampi'si quini'siveyi tsu atesu'fa seje'pa ufapa fi'ttiqque'suve ñoñamba tsama seje'cconga se'jepa tsai'ccu ufapa panzapa osha'cho tsampi'suma amba canseye. Toya'caen inayovata'te bare'cho españandeccu tisu'pani angapa tise'pa atesu'chove ñoñañe.

Faesu ccoanifae'cco ñotssiata tsu osha'cho ocuve tsu me'in'on. Tsa'nga tsu me'ttia'ye anchanjan jipa paqque'suma i'fa. Tsa'caen dassi tsu a'indeccuja atesu'fa ma'tti ñotssia've. Dureno tsu tsa'su.

Fae condase'cho injenge'chota tsu canqwquefa 1918-ni tsu tayopi cocamandeccuja ji'fa cauchove tta'ttaye va ingi canse'cho tsampinga. Tsa cauchove ji'chondeccu tsu rande tsaiqui tsaiquiamba can'ni'fa tsendeccuta tsu na'en ombane jipa na'en setsaningae tsaiquian'fa. Tsa'caen japa tsu napi'fa Durenoni toya'caen Saan Migue na'embe ombani. Tsomba tsu fae atesian'jenttive tsao'ñamba toya'caen chiga ettive'qque tsao'ña'fa Dureno na'en battipa'ttinga. Tsasma tsi a'i coenzandeccuja injan'jenfa ñoa'me egave. Tsaninda'te jongoesuma shacaen'nijan quini'ccoi'ccu ochha'chha'faya majan a'indeccu tisu'pa aya'fangae afa'ninda toya'caen agatto'pama atsove'ccoe tevae'ninda. Canqquefa 1923-ni tsu tsa atesian'jenttija piccoye tsa osha'cho paqque'su jisi. Tsa sarampion paqque'suta tsu daño pa'ccoma, nane Aguari toya'caen San Mingueni.

Tsonsi tsu caucho semasundeccu'qque tse'ttingayi antte'fa. Tsa'caen dasi tsu tse'ttie'ja ccoangi canqquefa pasasi Dureno canqqueja ashaen tsampini tisia've canseye. Tsae tsu ashaen'fa ñocca'tsse canseye'ja. Fae tsa'o tsu ashaen Santa Ceciliani ashaen canqquefa 30-ni. Tsani tsu tsaiquia'fa me'ttia'ye Quiyae'quinga, tsa tsu ja'ñoningaeja Conejo qquen inisian'fa'cho. Tsa nai'qui tsu San Mingueni ja'je'cho.

A'indeccumbe na'su Aguarico na'en'sumbe ta tsu Santos Quenamá, canqquefa 30 sefaje'chonga tsu antte tise injenge'cho tson'choma, Tise dutssi'ye coraga Guillermo Quenamánga toya'cen tise antiambe du'shu Gregoringa. Tsa'caen tsonsi tsu tse'ttie ccase a'indeccuja attufa'fa. Tsani tsu fae a'i panza'ye atesu'cho Polinario Mendua qquen su'cho panzapa a'i. Tsa tsu Durenoni ja tse'tti canseye. Tise'ja panzaye atesu'chopa tseni inayova injan'tssi shequesi tseni canseye ja. Tsa'caen japa tsu tsampima semanba coyeccuve jon. Polinario tsu atte sisipa andeve, tsomba tsu avujapa. Cristofer Criollo faesu panza'yetssia coraga tsu ashaen tse'ttinga jacañe tise tsa'o'sundeccui'ccu. Tsoomba tsu Cristoferja chigai'ccu qquen chiga'biamba jayisi, dasu ño'tsse jacca jai'ngac ccase atteye qquen afapa moen. Tsa'caen moensi ccaqui

a'ta sinte'yi ti jaye tson'jeni Guillermojan catsepa su. Pa'cco cose gi anambe asittaen'jen a'ta ocuve menia'ma. Tsa'camba vani panshen ocuyisi gi ña'qque quei'ccu fae'ngae jaye in'jan ocuve menian.

Tsa'caen supa fae'ngae japa fae'ngae can'jemba in'jan tise'ja faesia'caen panzaye atesusmbichoa tsu. Tsa'ma na'su joccapi'tissia' tsu puiyi'ccone. Toya'caen tsu ti'tsse'o a'ive tse'ttinga atapa'fa. Tsa'caen can'jen'fasi faesu canqquefaja ti'tsse faesundeccu tise'pa tsa'o'sui'ccu ja'fa tse'tti fae'ngae tise'pai'ccu canseye Dureno canqqueni. Tsa'caen tseni faesundeccu atapa'je'ni faesu'qque Dovuno canqquenga faesu canqqueve atapaye ja'fa (Fig. 2A). Qquen tsu Dovuno canqqueja Gregorio Quenamá canqquiamba canseye ashaen'cho. Tsa'caen japa tsu Santa Ceciliani can'jen'choma catipa ja'fa tseni canseye 40 enttingeve. Tsa'ma Dureno tsu ti'tsse a'i canse'fa'cho. Dureno canqqueta tsu Dureno nai'qui isevetsse. Tsaninda tsu ñocca'tssia ande jin'cho. Toya'caen tsu osha'cho tsampi'su nanitsse canse'fa munda, ccovi, consin nane pa'cconi tsu osha'cho shacambitsse jinsi a'ija tsani vanambitsse toya'caen shacambitsse osha'choma amba canse'fa. Toya'caen tsu canse'fa chhajeqque'sundeccu osha'chove ñoñamba avujatsse fiestaemba tsambi'ta yajema cu'ipa tsai'ccu canse'fa. Tsa chhajeqque'sumbe te'tai'ccu tsu dyandyaccuve, otifaccuve ñoñamba toya'caen teta'ccove ñoñamba tisu'pa ai'voma ñocca'tse tsomba avujatsse canse'fa. Tsanijan oma'ndo'qque cutssi sheque'fa.

Tsa'caen canse'fani tsu Buy Bobbie Borman Wycliffe ji'fa chiga tevaen'jein'ccu tsomba canqquefa 1954-ni can'ni'fa Dureno canqquenga. Tsanijan Dureno canqqueja 74 a'ive tsu an'bian. Tsanijan tsampi'suveyi amba canse'fa. Tsampini ja'ta 15 con'sime fi'ttipa i'je'fa. Tsa tsu canqquefa 1957-nijan 46 mundave fi'ttipa canse'fa. Tsa'caen fi'ttipa tsu pa'ccoma añe oshambi'pa ainga'qque o'fiañe atesu'fa.

Nane osha'cho tsu tsaofani sheque'fa. Tsa'camba tsu Pisorieni. Totoa Nai'quita tsu tsanijan injan'tssi na'en'su canse'cho a'ija ja'je'fambi. Toya'caen tsu tsanijan faesu a'indeccu enttinge tsampini canse'fa. Tsampi'su a'indeccu o Incavari a'indeccu ccottacco'fani. Tsendeccuta tsu re'ri'cco attiambindeccu. Tsa'ma corandeccuta tsu tsendeccui'ccu pipa condaseye atesu'fa.

Tsamcanqquefa 50-ni tsu Bormanjan atte tsai'mbi'tssi tsampi'su aña'cho canse'choma. Toya'caen tsaninda tsu canse'fa pisorundeccu. Toya'cen sararo toya'caen faesu, tsa'ma ja'ñojan me'in'on tsu. Toya'cen tsu can'jen'fa fanjan, macamarina. Tsa'ma jañoningae atteye gi osha'fambi. A'indeccuja tsa'caen cansepa tsu na'en setsaningae toya'caen na'en satsaningae jacan'fa. Tsa'caen jacamba tsu Cuvoeni napi'fa.

Tseni'qque tsu a'indeccuja canqquian'fa 60canqquefaqquia'cen can'se'fani tsu compñia petrorera'sundeccuja ji'fa. Tsendeccu ji'fasi tsu ashaen pa'cco jin'cho ñotssia nepiye'ja. Tsendeccu tsu jipa andema chango'goen daño'fa. Toya'caen osha'cho maquinama tsu va ingi canse'cho andenga can'nian'fa. Nane rancha tsa na'engae jacanqque'su motoro, iricotcro, avion pa'cco tsu vani ji'fa. Tsa'caen jipa tsu a'indeccu can'jen'cho tsampinga can'ni'fa. Can'nimba cocamandeccuja po'tae'ngoi'ccu fi'ttipa an'jen'fa. Toya'caen na'en'suma tise'pa an'bian'cho tacoi'ccu tacoemba osha'cho na'en'suma aqquia tsse da'ño'fa. Tsanijan injan'tssi jimba tacoi'ccu fi'tti'ninda pa'cco jimbitsse injan'tsse pa'je'fa.

Tsa'caen coca, napo, shua, toya'caen faesu a'indeccu jipa tsu osha'cho jin'choma sefaenqquia'caen nepian'fa. Joccaningaeja petrorioma tssañasi tsa'qque nai'quinga japa na'en'suma da'ño 70s.

Canqquefa 1970-ni tsu Lago Agrioja canqqueve jundetsse atapa. Tsa'caendapa tsu enero 1972 nijan tsaiquija Quitone ashaemba vani Lago Agriningae ji. Tsa'caen jisi tsu tsai'mbi'tssia cocamandeccuja vani'su andema isuye ji'fa. Tsa'caen jipa tsu andema tisu'pambe isuju'fa. Tsae gi ingi a'i qquen su'chondeccuja tisu'pa andema itsaye'fa. Tsomba tsu tsa canqquefaniñi tsaiquiamba Shoshofindini naspi'fa Pisorie na'en'ñe panshamba. Canqquefa 1974-ni tsu faesu tsaiquive tsaiquian'fa petroriove tta'ttaye.

Nane tsampima tsaiqui'quiamba tsu can'ni'fa tisu'pa in'jan'chove tta'ttaye'ja va Aguarico na'en otafama. Tsani tsu va Dureno canqqueja itsaye tise ombafa'su tsampima. Tsa'caen tson'jemba tsu cocamndeccuja iñajanse'poen'fa ingi ande tevaen'jein'ccu afe'chove. Tsa'ma tsanijan mecho'fasi tsu favatsse junde pa'cco jin'chonga can'ni'fa. Tsomba tsu Dureno nai'quifama'qque a'indeccu

canse'choma itsa'fa. Tsa'caen dapa tsu 1976-nijan ba've biani japa osha'cho coyovima panzaye ashaen'fa. Qquen tsu tsa chhajeqque'su arapaja sefa 1978-nijan toya a'indeccuja ccovima cachui'je'fa Dureno canqque pporotsse.

Tsa'ma 1977-ni tsu tsa Instituto Ecuatoriano de Reforma Agraria toya'caen Colonización qquen su'choja (IERAC) andenma camba agattopa afeye ji'fa a'indeccu canse'faye. Canqquefa 1978-ni Dureno canqque'su andema afe 9,500 itariave a'indeccu tsani canse'faye. Tsa canqquefaniñi tsu Texaco'qque jipa faesu tsaiquive tsaiquian'fa, Guantaningae ja'ño inisian'chove. Tsa'caen tsu cn'ni'fa pa'cconga majanjan can'ni'fa tsu San Pabloningae tsa canqque Katetsiaya qquen su'choningae.

Tsa'caen can'nimba tsu pa'cco va tsampini jin'choma cocamandeccuja atte'fa. Tsa'caen ashaemba ba've can'jeni tsu faesu canqque Zabalo qquen su'choja na'embe setsani tsambi'ta cajeni ashaen. Tsata tsu Durenoni anqque'su re'ri'ccoe dasi tseni japa injan'tssia anqque'su tsampi'suma attepa canqquian'fa. Toyai'teja Durenone'ñi japa san'jamba ipa an'jen'fa.

70s toya'caen 80s pasasi tsu tsa osha'cho faesu maquina tratro andema dyan'dyaye jipa ashaensi faesu tsa quini'ccoma angaqque'suja jipa quini'ccoma cha'ttupa tsama quitoni angaye ashaen. Tsa'caen ashaemba tsu tsesune'qque ingi andenga can'ni'fa Pisorieni, Totoanai'quini. Toya'caen tsu can'ni'fa a'indeccu, cavayondeccu ñotssia quini'ccoma somboeñe.

Octubre 1987-ni tsu Texacoja can'niñe in'jan a'indeccu canse'cho tsampinga tayo afe'chonga. Ti'tsse petroriove tta'ttaye Dureno tsampinga. Tsama tsu canqque'susndeccuja vanamba canse'fa. Tisu'pa iyiccopa tsu tsaiquima picco qquen vana'jen'fa. Tsa'caen tsomba pasapa ccafaise ccovunga Texacoja antte. Tsonsi tsu a'indeccuja sateliteningae andema camba attepa ñoña'fa tisu'pa andema. Cuintsu quini'ccove ji'chondeccuja tsanga catsembe can'faye. Tsanijan con'sinjan inja'tssi canse'fa. Tsa'ma tsa'caen dasi tsu tsendeccu'qque tsangae nepi'fa. 1989-ni tsu attian re'ri'cco con'sime.

Canqquefa 90-ni tsu ashaen'fa cose'su toya'caen a'ta'suma panzapa chavaeñe: chanange, shan'cco, iji, cunshombi, vata tsu aña'cho puine ti'tsse yaya'tssia. Tsai'mbi'o panzasundeccu tsu chavaen'jen'fa aña'choma.

Ti'tsse ta tsu chaen'jen'fa chanangema. Tsa'ma a'indeccuja in'jan'fambi tsu va tson'jen'choma. 90-ni tsu ñoña'fa multave majan fi'tti'ta cuintsu afe'poen'faye.

Cocamandeccuja a'taja quiya, sha'cco, ijima tsu panza'je'fa ain'ccu. Ñoame injenge'chove. Tsa'caen tson'jen'fani tsu a'inmbe dusungandeccuja tsampini japa panza qquen tson'ma osha'fambi. Tsa'camba tsu antte'fa cuintsu coenzandeccu bove ñotsse panmza'faye. Toya'caen tsanijan injan'tssi dusungave tsu me'in'on.

Tsa'ma jañoningaeja ti'tsse'o a'ive atapapa toya'caen cocamandeccu'qque can'jensi tsu aña'cho sefasi tansien tise tsui'choveyi ti'tsse atte'je'fa. Shan'cco, chanange, iji, saquira toya'caen faesu tsu toya canse'fa ingi tsampini. Toya'caen mundandeccu'qque 150-can'on tsu toya canse'fa. Tsa'cansi gi tsama coirapa atapoeñe in'jan'fa. Toya'caen coyovi, socu, tsu toya canse'fa ccovi'qque. Tsa'ma utte'tsu, con'sin, ongu, ttesi tuntun tsu ja'ñoningaeja me'in'on. Tsa'ma gi ingi'ja in'jan'fa ja'ño tsa antteye'choma coirapa ccase atapoeñe, jai'ngae tsama osha'ta maqui amba canseye. Tsa'ne gi ñoña'faya'cho tevaen'jama cuintsu tsai'ccu tsa osha'chocanse'cho toya'caen cansembichoa'ma ñoñamba coirapa tisu'pambe an'bian'faye. Cuintsu jai'ngae ingi dusdhundeccune ñoñeñe'oen dasi osha'ta tsai'ccu canse'faye.

Tsa'ne gi ñoña'faya'cho tevaen'jama cuintsu tsai'ccu tsa osha'chocanse'cho toya'caen cansembichoa'ma ñoñamba coirapa tisu'pambe an'bian'faye. Cuintsu jai'ngae ingi dusdhundeccune ñoñeñe'oen dasi osha'ta tsai'ccu canse'faye. Qquen tsu a'ija ashaemba atapapa jañoningaeja 500-ma ti'tsse canse'fa. Tsa'camba gi pa'ccoma ñotsse ñoñañe in'janfa cuintsu joccaningae osha'csho canse'choqque ñoñangeye. Jin tsu 1,928 can'cho ma'caen coiraya'cho joccaningae.

A'indeja injenge'fa tsu jañoningaeja corifi'ndive ma'caen jongoesuma chapa amba canseya'chove tsa'camba tsu injenge'fa turismo ji'faye. Ja'ñoningaeja inja'tssi a'i dushundeccu tsu coemba touya'caen atesian'jenttinga can'nimba osha'cahoma atesupa pa'cco ma'caen tsomba canseya'choma'qque ti'tsse atesu'ñacca'fa. Tsa'camba tsu tsendeccuja ma'cen tsoña'chove ttatta'je'fa tisu'pa andene. Ja'ñonda tsu tsampima coira'je'fa toya'caen pa'cco tsani jin'choma.

Faesu ma'caen tsoña'chota tsu: Dureno tsu ronda'je pa'cco tisu'pa canseningae canse'choma quia'me coirapa canseya'chove. Joccaningae tsomba canseya'chove tsu ti'tsse ñoña'jen'fa. Tsa Dureno tsu an'bian pa'cco va andeni canse'cho cocama, napo nane puiyi'cco faesu a'indeccu injenge'choma. Tsa'camba tsu ingi tsampi jin'choma ñoañamba ttuttu'poembe'yi coiraye in'jan'choja ñoa'me injenge'cho. Tsa tsampi sefa'ninda gi pui biani'su a'indeccu'qque pa sefa'faya. Tsampi tsu ñoa'me puiyi'ccone injenges'cho ingi puiyi'cco qquendya'pai'ccu canse'cho. Tsa'camba tsu tsampi dañongembi'nijan pa'cco ñoñeñetsse jinchoya. Tsangaeyi.

ENGLISH CONTENTS

(for Color Plates, see pages 17–28)

(for Technical Report, in Spanish only, see pages 85–105)

PARTICIPANTS

FIELD TEAM

Jaime Aguinda L. (*field logistics*)
Fundación para la Sobrevivencia del Pueblo Cofan
Federación Indígena de la Nacionalidad Cofan del Ecuador
Dureno, Ecuador

Roberto Aguinda L. (*field logistics*)
Fundación para la Sobrevivencia del Pueblo Cofan
Federación Indígena de la Nacionalidad Cofan del Ecuador
Quito and Dureno, Ecuador
robertotsampi@yahoo.com

Randall Borman A. (*large mammals*)
Fundación para la Sobrevivencia del Pueblo Cofan
Federación Indígena de la Nacionalidad Cofan del Ecuador
Quito and Dureno, Ecuador
randy@cofan.org

Daniel Brinkmeier (*communications*)
Environmental and Conservation Programs
The Field Museum, Chicago, IL, U.S.A.
dbrinkmeier@fieldmuseum.org

Carlos Carrera R. (*aquatic macroinvertebrates*)
Museo Ecuatoriano de Ciencias Naturales
Quito, Ecuador
carrera.carlos@gmail.com

Hugo Tito Chapal M. (*cooking*)
Comuna Cofan Dureno
Sucumbíos, Ecuador

Iván José Chapal M. (*aquatic macroinvertebrates*)
Comuna Cofan Dureno
Sucumbíos, Ecuador

Silvio Chapal M. (*large mammals*)
Comuna Cofan Dureno
Sucumbíos, Ecuador

Ángel Chimbo P. (*amphibians and reptiles*)
Comuna Cofan Dureno
Sucumbíos, Ecuador

John Criollo C. (*fishes*)
Comuna Cofan Dureno
Sucumbíos, Ecuador

Fausto Criollo M. (*field logistics*)
Fundación para la Sobrevivencia del Pueblo Cofan
Federación Indígena de la Nacionalidad Cofan del Ecuador
Dureno, Ecuador

Alfredo Nexer Criollo Q. (*large mammals*)
Comuna Cofan Dureno
Sucumbíos, Ecuador

Jose Criollo Q. (*field logistics*)
Comuna Cofan Dureno
Sucumbíos, Ecuador

Álvaro del Campo (*field logistics, photography*)
Environmental and Conservation Programs
The Field Museum, Chicago, IL, U.S.A.
adelcampo@fieldmuseum.org

Sebastián Descanse U. (*plants*)
Cofan Community of Chandia Na'e
Sucumbíos, Ecuador

Robin B. Foster (*plants*)
Environmental and Conservation Programs
The Field Museum, Chicago, IL, U.S.A.
rfoster@fieldmuseum.org

Mary Grefa M. (*aquatic macroinvertebrates*)
Comuna Cofan Dureno
Sucumbíos, Ecuador

Laura Cristina Lucitante C. (*plants*)
Cofan Community of Chandia Na'e
Sucumbíos, Ecuador

Célida Lucitante Q. (*cooking*)
Comuna Cofan Dureno
Sucumbíos, Ecuador

Nexar Manzasa C. (*field logistics*)
Fundación para la Sobrevivencia del Pueblo Cofan
Federación Indígena de la Nacionalidad Cofan del Ecuador
Dureno, Ecuador

Solaida Mendúa V. (*field logistics*)
Communal Park Guard-Fundación Sobrevivencia Cofan
Federación Indígena de la Nacionalidad Cofan del Ecuador
Dureno, Ecuador

Debra K. Moskovits (*coordination*)
Environmental and Conservation Programs
The Field Museum, Chicago, IL, U.S.A.
dmoskovits@fieldmuseum.org

Carlos Arturo Ortiz Q. (*plants*)
Comuna Cofan Dureno
Sucumbíos, Ecuador

Linda Ortiz Q. (*logistics*)
Fundación para la Sobrevivencia del Pueblo Cofan
Federación Indígena de la Nacionalidad Cofan del Ecuador
Dureno, Ecuador

Amelia Quenamá Q. (*natural history*)
Fundación para la Sobrevivencia del Pueblo Cofan
Federación Indígena de la Nacionalidad Cofan del Ecuador
Quito and Dureno, Ecuador

Héctor Quenamá Q. (*field logistics*)
Comuna Cofan Dureno
Sucumbíos, Ecuador

Zoila Quenamá M. (*field logistics*)
Fundación para la Sobrevivencia del Pueblo Cofan
Federación Indígena de la Nacionalidad Cofan del Ecuador
Dureno, Ecuador

Ejidio Quenamá V. (*plants*)
Comuna Cofan Dureno
Sucumbios, Ecuador

Fredy Queta Q. (*birds*)
Comuna Cofan Dureno
Sucumbíos, Ecuador

Juan Francisco Rivadeneira R. (*fishes*)
Museo Ecuatoriano de Ciencias Naturales
Quito, Ecuador
jf.rivadeneira@mecn.gov.ec

Edgar René Ruiz P. (*fishes*)
Comuna Cofan Dureno
Sucumbios, Ecuador

Douglas F. Stotz (*birds*)
Environmental and Conservation Programs
The Field Museum, Chicago, IL, U.S.A.
dstotz@fieldmuseum.org

Corine Vriesendorp (*plants*)
Environmental and Conservation Programs
The Field Museum, Chicago, IL, U.S.A.
cvriesendorp@fieldmuseum.org

Tyana Wachter (*international logistics*)
Environmental and Conservation Programs
The Field Museum, Chicago, IL, U.S.A.
twachter@fieldmuseum.org

Mario Yánez-Muñoz (*amphibians and reptiles*)
Museo Ecuatoriano de Ciencias Naturales
Quito, Ecuador
m.yanez@mecn.gov.ec

Blanca Yumbo S. (*field logistics*)
Communal Park Guard-Fundación Sobrevivencia Cofan
Federación Indígena de la Nacionalidad Cofan del Ecuador
Quito and Dureno, Ecuador

COLLABORATORS

Cofan Community of Baboroé
Sucumbíos, Ecuador

Cofan Community of Chandia Na'e
Sucumbíos, Ecuador

Cofan Community of Dureno
Sucumbíos, Ecuador

Cofan Community of Pisorié Canqque
Sucumbíos, Ecuador

Cofan Community of Totoa Nai'qui
Sucumbíos, Ecuador

Federación Indígena de la Nacionalidad Cofan del Ecuador (FEINCE)
Lago Agrio, Ecuador

Herbario Nacional del Ecuador (QCNE)
Quito, Ecuador

Ministerio del Medio Ambiente
Quito, Ecuador

INSTITUTIONAL PROFILES

The Field Museum

The Field Museum is a collections-based research and educational institution devoted to natural and cultural diversity. Combining the fields of Anthropology, Botany, Geology, Zoology, and Conservation Biology, museum scientists research issues in evolution, environmental biology, and cultural anthropology. One division of the Museum—Environment, Culture, and Conservation (ECCo)—through its two departments, Environmental and Conservation Programs (ECP) and the Center for Cultural Understanding and Change (CCUC), is dedicated to translating science into action that creates and supports lasting conservation of biological and cultural diversity. ECCo works closely with local communities to ensure their involvement in conservation through their existing cultural values and organizational strengths. With losses of natural diversity accelerating worldwide, ECCo's mission is to direct the museum's resources—scientific expertise, worldwide collections, innovative education programs—to the immediate needs of conservation at local, national, and international levels.

The Field Museum
1400 S. Lake Shore Drive
Chicago, IL 60605-2496 U.S.A.
312.922.9410 tel
www.fieldmuseum.org

Fundación para la Sobrevivencia del Pueblo Cofan

The Fundación para la Sobrevivencia del Pueblo Cofan is a non-profit organization dedicated to conserving the indigenous culture of the Cofan, and the Amazonian forests that sustain them. Together with its international counterpart, the Cofan Survival Fund, the foundation supports conservation and development programs in seven Cofan communities in eastern Ecuador. Their programs focus on biodiversity conservation and research, protecting and titling Cofan ancestral territories, developing economic and ecological alternatives, and education opportunities for young Cofan.

Fundación para la Sobrevivencia del Pueblo Cofan
Casilla 17-11-6089
Quito, Ecuador
593.22.470.946 tel/fax
www.cofan.org

Museo Ecuatoriano de Ciencias Naturales (MECN)

The Museo Ecuatoriano de Ciencias Naturales (MECN) is
a public entity established on 18 August 1977 by government
decree 1777-C, in Quito, as a technical, scientific, and public
institution. The MECN represents the only state institution
whose objectives are to inventory, classify, conserve, exhibit,
and disseminate understanding of the country's biodiversity.
The institution is obliged to offer assistance, cooperation, and
guidance to scientific institutions, educational organizations, and
state offices on issues related to conservation research, natural
resource conservation, and Ecuador's biodiversity, as well as
contribute to implementing technical support for designing and
establishing national protected areas.

Museo Ecuatoriano de Ciencias Naturales
Rumipamba 341 y Av. De los Shyris
Casilla Postal: 17-07-8976
Quito, Ecuador
593.2.2.449.825 tel/fax

ACKNOWLEDGMENTS

Our inventory of the rich forests of the Dureno Territory, straddling the Equator, was conceived by the Cofan. And the inventory would not have been successful without the deep knowledge, support, logistical talents, and superb field abilities of the Cofan. The Cofan were our teachers, collaborators, and counterparts. The teams for each organism group we inventoried had Cofan members and the mammal team was entirely Cofan. Sebastián Descanse and Cristina Lucitante played a central role in the botany team thanks to their previous ethnobotanical training and wonderful energy. Amelia Quenamá's remarkable skills as a naturalist led to important sightings in the herpetological, mammal, and bird inventories. And the fish team thanks Paul Meza Ramos, from the Museo Ecuatoriano de Ciencias Naturales, who facilitated bibliographic information for the fishes' report. For their help in identifying plant specimens, we thank M. Blanco (Aristolochiaceae). Carlos Carrera was extremely helpful in facilitating the drying of our plant specimens in the National Herbarium of Ecuador. In the Ministerio del Ambiente in Quito, we sincerely thank Dr. Fausto Gonzáles, Director General en Sucumbíos; Dr. Ulises Cápelo, Asesor Jurídico Regional; Fausto Quisanga, Líder de Biodiversidad Regional; and Dr. Wilson Rojas, Director Nacional de Biodiversidad.

For their tireless assistance in the field, we thank the superb Cofan team: Hugo Tito Chapal Mendúa, Iván José Chapal Mendúa, Silvio Filemón Chapal Mendúa, Ángel Chimbo Papa, John Humberto Criollo Chapal, Alfredo Nexer Criollo Quenamá, Fernando Criollo Queta, José Aroldo Criollo Queta, Sebastián Descanse Umenda, Mary Grefa Mendúa, José Serbio Hernández, Laura Cristina Lucitante Criollo, Célida Lucitante Quenamá, Nexar Manzasa Cumbe, Valerio Mendúa Lucitante, Carlos Arturo Ortiz Quintero, Héctor Quenamá Queta, Ejidio Quenamá Vaporín, Fredy Carlos Queta Quenamá, Edgar René Ruiz Peñafiel, and residents of the communities of Dureno, Baboroé, and Pisorié Canqque, who warmly welcomed us to their threatened forests. We also thank Dureno forest guards Solaida Mendúa Vargas, Zoila Quenamá Mendúa, Blanca Yumbo Salazar, Jaime Aguinda Lucitante, and Fausto Criollo Mendúa, who were great help at our second and third campsite; their good sense of humor and enthusiasm were contagious. Nivaldo Yiyoguaje Quenamá and Linda Ortiz helped with logistics in Lago Agrio and Dureno.

Roberto Aguinda oversaw the logistical operations to set up the three field sites (Pisorié Setsa'cco, Baboroé and Totoa Nai'qui). With his wife Linda Ortiz, Roberto also facilitated pre-expedition meetings as well as the post-expedition presentation in Dureno.

While the team was in the field, Freddy Espinosa and his wife Maria Luisa López secured all coordination in Quito with the Museo Ecuatoriano de Ciencias Naturales, and kept communication going with Dureno, Lago Agrio, Quito, and Chicago. Sadie Siviter, Hugo Lucitante, Mateo Espinosa, Juan Carlos González, Carlos Menéndez, Víctor Andrango, and Lorena Sánchez also helped enormously arranging logistics from the Fundación Sobrevivencia Cofan office in Quito, pre-, during, and post-inventory.

Jonathan Markel prepared fabulous maps from the digital satellite image data, both for the logistical team and the inventory team. Dan Brinkmeier produced terrifically helpful maps for the presentations and report, and developed community outreach materials from our results. Elizabeth Joynes made available satellite images and maps and negotiated with ECOLEX and Jatun Sacha for permission to republish these images. We deeply thank all of them.

From Chicago, Tyana Wachter, as always, was instrumental in keeping operations running smoothly. Rob McMillan, Brandy Pawlak, and Tyana continue their magic problem-solving from our home base in Chicago. We sincerely thank Brandy and Tyana for their input in editing and proofreading several versions of the manuscript, Amanda Vanega and Tyana for quick translations into Spanish, and Emma Chica Umenda for the translations into Cofan. Jim Costello and his team, as always, did a wonderful job accommodating the special requests for this report.

Funding for this rapid inventory came from The Hamill Family Foundation, The John D. and Catherine T. MacArthur Foundation, PPD, ECOFONDO, and The Field Museum.

The goal of rapid biological and social inventories is to catalyze effective action for conservation in threatened regions of high biological diversity and uniqueness.

Approach

During rapid biological inventories, scientific teams focus primarily on groups of organisms that indicate habitat type and condition and that can be surveyed quickly and accurately. These inventories do not attempt to produce an exhaustive list of species or higher taxa. Rather, the rapid surveys (1) identify the important biological communities in the site or region of interest, and (2) determine whether these communities are of outstanding quality and significance in a regional or global context.

During social asset inventories, scientists and local communities collaborate to identify patterns of social organization and opportunities for capacity building. The teams use participant observation and semi-structured interviews to evaluate quickly the assets of these communities that can serve as points of engagement for long-term participation in conservation.

In-country scientists are central to the field teams. The experience of local experts is crucial for understanding areas with little or no history of scientific exploration. After the inventories, protection of natural communities and engagement of social networks rely on initiatives from host-country scientists and conservationists.

Once these rapid inventories have been completed (typically within a month), the teams relay the survey information to local and international decisionmakers who set priorities and guide conservation action in the host country.

Dates of fieldwork	23 May–1 June 2007
Region	The Dureno Territory—part of the Cofan ancestral territories—lies in the extraordinarily species-rich, northwestern reaches of the Amazon basin, in the Sucumbíos Province of eastern Ecuador. The 9,469-hectare forest remnant on the southern banks of the Aguarico River, managed by the Cofan, has been surrounded by a grid of roads since the late 1970s (Fig. 15). By the mid-1990s the adjacent lowlands had been denuded, leaving the forest block isolated (Fig. 9). The streams that traverse the Territory all flow into the Pisorié River (Pisurí in Spanish), a southern tributary of the Aguarico River.
Inventory sites	We sampled three Amazonian lowland sites inside the Dureno Territory. The site names are, in Cofan:

- *Pisorié Setsa'cco* ("peninsula of the Pisorié River"), on a flat terrace 600 m west of the Aguarico River;
- *Baboroé* (named for the nearest Cofan settlement), on a terrace about 3 km south of the Aguarico River; and
- *Totoa Nai'qui* (the Cofan name for the Aguas Blancas River), 400 m east of the western boundary of the Dureno Territory.

Fig. 15

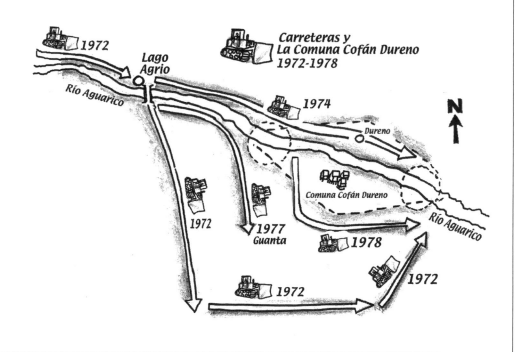

We explored 31 km of trails, sampling river floodplains, poorly drained bottomlands, and hills (ranging from 50 to 100 m high) as well as several bodies of water, including the Pisorié and its affluents: Totoa Nai'qui, Castillequi (known in Spanish as Castillo), a small stream known as the Guara, the Aguarico itself, and a small lagoon. We suspect that in the recent geological past the Coca River may have joined the Aguarico, drastically broadening the Aguarico floodplain to include much of the bottomlands of the Dureno Territory. In effect, the high hills of the Dureno Territory would have been islands in the temporarily broader, braided Aguarico floodplain.

Our Totoa Nai'qui site was within the 1,928-ha "Reserva Mundae," an area the Cofan made a no-hunting zone in 2005 to protect source populations of game for the rest of the Dureno Territory (Figs. 2B, 10). This was the only area we visited with substantial patches of giant bamboo, a habitat that has largely disappeared from the landscape around Lago Agrio.

Throughout the Territory, the forests we sampled varied from largely intact to heavily lumbered in the past. Water quality in the Territory varied, also: One river sampled— the Castillequi, very close to the border of the Dureno Territory—showed signs of recent pollution. Its headwaters, and headwaters of all rivers that cross the Dureno Territory are exposed to pollution, erosion, and oil spills outside the Territory, which greatly affect the quality of the water downstream.

Organisms surveyed	Vascular plants, aquatic macroinvertebrates, fishes, amphibians and reptiles, birds, and large mammals.

Highlights of results

The Dureno Territory is the largest remaining forest fragment in what was one of the richest natural areas in the world. Roads encircled the area in 1978, and by 1996, neighboring lands were largely deforested. Despite the isolation of the 9,469-ha area, we found substantially intact forests with high species richness for all groups that we sampled. Below we summarize our findings and highlight range extensions, species potentially new to science, and management priorities.

Table 1. Number of species we observed during the inventory and the number we estimate occur in the Dureno Territory.

Organismal group	Species observed	Species estimated
Vascular plants	ca. 800	2000
Aquatic macroinvertebrates	63	78
Fishes	54	80
Amphibians	48	62
Reptiles	31	54
Birds	283	400–420
Large mammals	26	39–40

Vegetation	The Dureno Territory harbors a diverse mosaic of habitats, from river floodplains to poorly drained terraces, from low terraces to high hills (up to 100 m), and in the southern section ("Reserva Mundae"), a complex of vine tangles and giant bamboo. This extension of bamboo—a habitat that previously dominated large expanses now deforested—is one of the only surviving bamboo remnants in Ecuador. The habitat is protected only within the Reserva de Producción Faunistica de Cuyabeno (Fig. 2A).
Vascular plants	We encountered a highly diverse flora, registering ca. 800 of 2,000 species we estimate for the Dureno Territory. These include 5–10 species potentially new to science, two in the genus *Aristolochia*. Among the most surprising finds is a major elevational-range extension for *Billia rosea* (Hippocastanaceae). We found this large-seeded species—known only from montane forests above 1,000 m— in the lowlands. The Dureno Territory harbors a natural pharmacy for the Cofan, with dozens of species used for their medicinal properties. The Cofan also have used the Territory for its timber resources for decades, especially for building canoes. The majority of the high-value timber species, including *Cedrela* sp., *Cedrelinga cateniformis*, *Cordia alliodora*, and *Brosimum utile*, already have been extirpated.
Aquatic macroinvertebrates	We registered 63 of the 78 species of aquatic macroinvertebrates that we estimate for the Dureno Territory, a relatively high number compared with other Amazon lowland sites in Ecuador. Snails (*Pomacea*), an important food resource for the Cofan, are abundant in many of the streams. We found indicators of high water quality in the entire Territory, and only the Castillequi River, at the edge of the Territory, shows signs of recent contamination upstream.
Fishes	We registered 54 of the 80 species we estimate for the Dureno Territory. Nine species are endemic. Characids are the dominant group, with 21 species making up 38% of the icthyofauna. Two species of small catfishes are possibly new records for the Aguarico basin. We also found 14 species of fishes that may have ornamental value. The icthyofauna of the Aguarico continues to be poorly known. We believe further studies will reveal that the basin includes at least 25% of all the species in Ecuador.
Amphibians and reptiles	We registered 79 species (48 amphibians and 31 reptiles), representing 68% of the species we estimate for the Dureno Territory (62 amphibians and 54 reptiles). The three sites shared only 28% of their species composition, most likely because of their differing topographic, floristic, and aquatic characteristics. Two frog species in the families Brachycephalidae and Centrolenidae may be new to science and we recorded a great species richness of geckos (five). The Territory is one of the last refuges for the highest concentration of amphibians reported for the planet; it includes half of the species known for the Aguarico basin.

Birds

We found a species-rich forest avifauna (283 species), with most Amazonian bird families well represented. However, 40 species we expected do not seem to be present. Ten of these missing species are large birds that are no longer present, or have become very rare in the forest fragment, including game birds (*Crax salvini* and possibly others), large macaws, and large eagles. Another notable concentration of missing species is kingfishers. We had a single record of *Megaceryle torquata* on the Aguarico River and encountered no *Chloroceryle* (of four possible species) despite what appeared to be extensive, perfect habitat for these fish-eating birds along the Pisorié and Totoa Nai'qui Rivers. The rest of the missing species are insectivorous birds concentrated in a few families, especially ovenbirds (only 2 of an expected 15 to 20 species registered), woodcreepers, woodpeckers, puffbirds, and jacamars. On the other hand, frugivorous species were well represented and abundant, from the smaller species, such as tanagers and manakins, to the larger cotingas, trogons, and toucans.

Large mammals

We registered 26 of the 39–40 species of large mammals known, from Cofan accounts, to exist in the Dureno Territory. Despite at least ten years of isolation, the Territory still supports a large group of white-lipped peccaries (*Tayassu pecari*), with some 150 individuals; large populations of collared peccaries (*Tayassu tayacu*); a high density of armadillos; and six species of monkeys. The two larger monkeys (red howler monkey, *Alouatta seniculus*, and white-fronted capuchin, *Cebus albifrons*) have small and vulnerable populations. In general, the Dureno Territory appears to have healthy populations of the smaller or fast-reproducing species. The two species that already have disappeared from the forest fragment are woolly monkey (*Lagothrix lagothricha poeppigii*; *cushava con'si* in Cofan, last seen in 1989) and giant otter (*Pteronura brasiliensis*; *sararo*, last seen in 1964). We did not see tapirs (*Tapirus terrestris*; *ccovi*) during the inventory, which the Cofan report as present but rare. With appropriate studies and effective management, the Dureno Territory should continue to provide a refuge for the mammals that still inhabit the forest fragment.

Why Dureno?

A 9,469-hectare block of forest near the oil town of Lago Agrio is one of the few remnants of the richest lowlands on the planet. Roads, colonization, and oil fields isolate this remnant from forests still standing in the Andean foothills to the west and in the Cuyabeno-Yasuní complex to the east (Fig. 2A). This forest stronghold, which once covered the entire region, is the Dureno Territory, one of the ancestral territories of the Cofan.

Early accounts of Dureno highlight the terrific abundance of game and birds important for ceremonial adornments. In the 1950s the Bormans—Bible translators living with the Cofan—still observed animals like the Wattled Guan (*Crax globulosa*) that have since disappeared from Ecuador and are now globally endangered.

Harsh changes arrived in the Cofan lands in the mid-1960s, when an oil consortium formed by Texaco and Gulf mobilized seismic teams and established exploratory wells throughout the region. By 1970, Lago Agrio had become an oil-boom town. From 1972 to 1974, roads sliced across the region and huge numbers of colonists, encouraged by government homestead policies, swarmed to stake out claims on the "empty lands" that were actually Cofan ancestral territories.

In reaction to these pressures, Cofan community members began to cut de facto boundary trails and, in 1978, received title to the Dureno Territory. Yet, in the same year, Texaco built a new road to the west that completely cut off the Dureno forest block (Fig. 15, p. 69), and even more colonists moved in quickly to establish land claims right up to the Cofan boundaries.

The Cofan continue to respond to ever-increasing conservation needs. Park guards (*guardabosques comunales*) and self-imposed hunting and fishing regulations have become core tools to achieve the Cofan vision of a rich forest that survives for the long term. Although they view wildlife largely in terms of food for their families, a deep awareness of the need to create safe areas for wildlife to reproduce has fueled the implementation of a zoning system that protects 1,928 ha of the Dureno Territory as a no-hunting site (Fig. 16, p. 75).

Dureno remains important in Cofan cultural and national identity. The Cofan's successful conservation of their forests, despite relentless outside pressures, is clearly visible in satellite images (Figs. 2B, 9). Yet additional support from government and other institutions will be crucial for the Cofan to succeed in conserving as much as possible of what remains of one of the richest environments on Earth.

Conservation in Dureno

The Cofan received official title to the 9,469-ha Dureno Territory in 1978. Already in the mid-1960s the Cofan were developing ways to defend parts of their ancestral territory from the dramatic changes that were sweeping the region. The pressures on the Dureno Territory, now an isolated forest fragment, continue to increase. In 2005, the Cofan zoned their Territory, establishing a strict no-hunting zone—the 1,928-ha Reserva Mundae (Fig. 16)—as a breeding haven and source for game species for the whole Territory. Although the Cofan have established a system of patrols and communal park guards, they do not yet enjoy official recognition from the national government for their role as protectors of this diverse section of Ecuador.

Fig. 16

CONSERVATION TARGETS

The following species, forest types, and ecosystems are of particular conservation concern in the Dureno Territory. Some are important because they are threatened or rare elsewhere in Ecuador or in Amazonia; others are unique to this area of Amazonia, key to ecosystem function, important to the Cofan, or important for effective long-term management.

Biological and geological communities	■ One of the last remaining patches of rich-soil Amazonian forests near Lago Agrio; a natural pharmacy for the Cofan
	■ The lagoon in Pisorié Setsa'cco, a unique formation in the Dureno Territory
	■ Streams with rocky bottoms found only in the hills of Baboroé in the Dureno Territory
	■ Aquatic habitats, especially any stream with headwaters inside the Dureno Territory
Vascular plants	■ 5–10 plant species potentially new to science
	■ Dozens of plants of medicinal value to the Cofan
Aquatic macroinvertebrates	■ Substantial populations of snails (*Pomacea*), valued by the Cofan as a food resource
fishes	■ Important species in the Cofan diet and species of commercial value, e.g., large catfishes
	■ Ornamental species with potential market value
Amphibians and reptiles	■ Species restricted to the upper Amazon Basin in northern Ecuador and southern Colombia (*Cochranella resplendes, Hyloxalus sauli, Ameerega bilinguis, Enyalioides cofanarum*)
	■ Species susceptible to declines or poorly known species, including glass frogs (Centrolenidae) and poison dart frogs (Aromabatidae and Dendrobatidae)

Amphibians and Reptiles (continued)		■ Species that have apparently disappeared or are now very rare in the Santa Cecilia region (*Enyalioides cofanarum*, *Drepanoides anomalus*)
		■ Species consumed by the Cofan and of commercial use, for example tortoises (*Chelonoidis denticulata*) and caimans (*Caiman crocodilus*, *Paleosuchus trigonatus*)
Birds		■ Game birds that represent an important resource for the Cofan, including Cracidae, Tinamidae, and possibly Columbidae
		■ Large parrots that can play a role in dispersal of large fruits and whose feathers are prized by the Cofan
		■ Frugivores, especially larger species that could partially fill vacant dispersal niches previously filled by large mammals
Large mammals		■ Important game animals for the Cofan, including the collared peccary (*Tayassu tajacu*; in Cofan, *saquira*) white-lipped peccary (*Tayassu pecari*; *munda*), red howler monkey (*Alouatta seniculus*; *a'cho*), and white-fronted capuchin monkey (*Cebus albifrons*; *ongu*)
		■ Giant armadillo (*Priodontes maximus*; *cantimba*), an endangered species, and one that may be a primary control agent for the leaf cutter ants (*Atta* spp.)

The Cofan have been alone in fending off the pressures that have destroyed a large swath of eastern Ecuador, and which threaten more fragmentation of their ancestral lands. Ecuador's Ministry of Environment (Ministerio del Ambiente del Ecuador) has not yet officially recognized the importance of these lands for their biological and cultural richness.

Petroleum

The pressure from oil companies has been relentless in northeastern Ecuador since the mid-1960s (Fig. 17). The first massive impact to the forests was fragmentation, caused by new roads and subsequent colonization and deforestation. Petroleum impacts continue today in the form of repeated spills that go uncleaned and other pollution inherent in the oil industry. The petroleum industry continues to pressure the Dureno community to allow exploitation of "Campo Dureno," an identified oil reserve under the Dureno Territory. To exploit this reserve, Petroecuador wants to perforate at least four new wells and establish a transport infrastructure with pipelines, roads, and electrical systems. Such development would spell the death of the rich and fragile ecosystems in the Dureno Territory.

Fig. 17

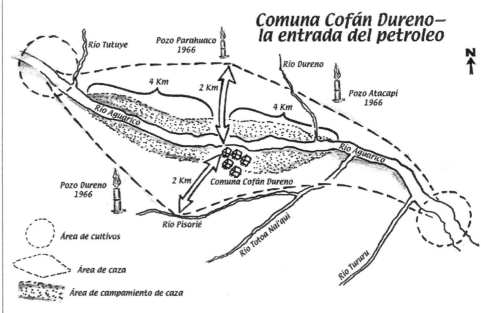

New roads and unplanned colonization

Likely the most severe threat to the Dureno Territory after further oil exploitation is the construction of new roads that lead to disorganized colonization and further fragmentation and isolation.

Hunting and fishing by outsiders

Colonists surround the Dureno Territory to the west and south. With game disappearing from the denuded landscapes outside the Territory, the pressure of illegal hunting and fishing inside the Territory is steadily increasing. Much of this pressure comes from the illicit game markets in Lago Agrio. The Cofan community views this as one of the most immediate threats to their Territory.

Illegal logging

Old logging signs are evident through much of the Dureno Territory. Illegal logging by outsiders continues to pose a threat.

Excessive hunting and fishing

With the Dureno Territory now isolated from nearby forests, excessive hunting and fishing is likely to drive vulnerable species to local extinction.

Fishing with poison or explosives

A common practice in Amazonia, fishing with poison and explosives pollutes the waters and causes massive kills. Easy access to commercial poisons containing rotenone poses a serious threat.

Protection

01 **Secure formal recognition of the Dureno forest block from Ecuador's Ministry of Environment (Ministerio del Ambiente del Ecuador, or MAE)** because of the urgent need to protect its biological and cultural richness.

02 **Enter a formal agreement with MAE that grants official status and recognition for the Cofan communal forest guards and for protection and management measures already set in place by the Cofan.**

03 **Work with MAE, and the local police and justice system, to enforce existing environmental laws at a regional level—with fines and other sanctions—and use the Comuna Cofan Dureno as a test case.** For example, when a communal forest guard catches someone using poison for fishing, the MAE would proceed with the steps necessary to fine the person.

04 **Work with the national government to establish the Dureno Territory as permanently off-limits to petroleum exploitation**, in recognition of the importance of the Dureno Territory for culture and biodiversity, and in compensation to the Cofan for what they have suffered at the hands of the petroleum industry.

05 **Establish official meetings between the leadership of the Cofan and that of neighboring colonists (*cooperativas*)** to promote collaborations, recognize shared responsibilities, and reduce pressure from hunting, fishing, and other infractions by Territory neighbors.

06 **Create a buffer zone west and south of the Dureno Territory** through the purchase of colonist farms as available, to shield the Reserva Mundae from outside pressures and edge effects.

07 **Reinforce the Cofan protection measures, increase the number of Cofan communal forest guards per rotating team, and link them into the successful communications system established for the official Cofan parkguards.**

08 **Reinforce effective protection of the Reserva Mundae** to ensure its viability as a source of animals and plants for the rest of the Dureno Territory.

09 **Launch a communication and education campaign for neighboring colonists** about the dangers of pollution by herbicides, insecticides, and other poisons used for fishing.

Management of game species

Develop a management plan for hunting and fishing of vulnerable species, with seasonal or full restrictions as needed, together with the following elements:

01 **Institute yearly meetings in the Comuna Cofan to review status of**

conservation targets, especially for vulnerable species, and adjust management efforts as needed.

02 **Continue to prohibit any commercial hunting within the Dureno Territory.**

03 **Continue to enforce the ban on outsiders hunting within the Dureno Territory.**

04 **Establish hunting guidelines for all large mammals (peccaries, primates, giant armadillo) and reevaluate hunting limits yearly,** based on population sizes.

05 **Restrict hunting of howler monkey (*Alouatta seniculus*) populations** to allow their numbers to increase, taking into account their slow reproduction rate.

06 **Manage the single remaining herd of white-lipped peccary (*Tayassu pecari*)** to maximize use by the Cofan without endangering its long-term survival.

07 **Manage the collared peccary (*Tayassu tajacu*) populations** by maintaining a healthy breeding population in the Reserva Mundae to replenish hunted areas.

08 **Declare a complete ban on hunting of *Crax* (if they still exist), *Pipile*, and *Psophia* until their populations recover.**

09 **Limit hunting of *Penelope* and *Tinamus major*** to allow numbers to increase until their populations become more robust.

10 **Establish seasonal restriction on fish species,** based on further research (below).

11 **Monitor the take of larger fishes** (e.g., catfishes and other staples of the Cofan) to avoid damaging populations through overfishing.

| Monitoring and surveillance | 01 **Conduct yearly analyses of satellite imagery to detect large-scale changes in and around the Dureno Territory, and then mobilize appropriate action.** |

02 **Survey densities of species important for the Cofan in the Dureno Territory (game animals, ceremonial or culturally important birds) to provide data for community management decisions, and review management decisions yearly.** Focus initially on peccaries, primates, Cracidae, Tinamidae, and larger parrots, e.g., macaws, *Amazona*, *Pionus*.

03 **Collect and analyze data on hunting pressure by Cofan on birds and mammals,** and couple this information with the density data above to keep adjusting hunting regulations.

Monitoring and surveillance
(continued)

04 **Initiate a community program of water-monitoring using aquatic macroinvertebrates** to make decisions about sources of pollution and how to mitigate them. Train a few Cofan parkguards in the techniques for sampling waters for macroinvertebrates (Carrera and Fierro 2001b).

Additional inventories

01 **Establish a meteorological station to document precipitation and periods of drought** because the amount and timing of rain have a great impact on the composition of the forest.

02 **Capitalize on the opportunity to understand what is in the entire Territory by doing intensive inventories of most groups of organisms in different seasons of the year**: (a) Focus on the larger plant groups that explain most of the species richness there, e.g., Araceae, Fabaceae, Lauraceae, Rubiaceae, Sapotaceae; (b) Establish long-term sampling of water contaminant levels, examining seasonal patterns; and (c) Inventory fish species important in the Cofan diet and the ornamental species.

Research

01 **Assess the impact of isolation over time on key species.** Correspond with scientists working near Manaus on forest fragments to explore possibilities for comparative research and sharing of experience. Analyze genetic viability, carrying capacity of populations, and minimum area and population size requirements for species of importance to the Cofan and to the richness of the forest.

02 **Research the effects of water contamination in the benthic zones of rivers and streams due to the oil industry.** Scientists can work together with the Cofan to determine concentrations of heavy metals in the benthic fauna.

03 **Document the level of reproduction, regeneration, and patterns of growth of plant species of interest for the Cofan**, e.g., medicinal, food, timber.

04 **Investigate the dispersal of plants by birds and large mammals, focusing on species with large seeds**, such as palms, Sapotaceae, Lecythidaceae, Moraceae, *Inga*, *Parkia*. Compare these results with studies in non-fragmented areas and with a more complete set of seed-dispersers (e.g., those at Cuyabeno, Yasuní).

05 **Research the migration and reproduction patterns of fish species** to determine vulnerable stages that need to be managed; concentrate first on the species important in the Cofan diet.

06 **Study the ecology and feeding behavior of ornamental fishes**, to establish the feasibility of managing some species for commercial use.

07 **Investigate the foraging ecology of Crested Owl (*Lophostrix cristata*)** to understand its surprising abundance in the Reserva Mundae in the Dureno Territory.

08 **Sample insects** to determine if unusually low insect abundance might account for low species-diversity of insectivorous birds or whether keystone insect species may have suffered local declines.

- The Dureno Territory offers the last opportunity to protect some of the richest forests in the Amazon, in the legendary region near Santa Cecilia, where Andean foothills meet the lowlands

- The Cofan have created the opportunity for implementing management that protects the forest fragment while securing the Cofan long-term use of plants and animals important to their health and culture.

- The Dureno Territory may be the only sizeable chunk of isolated forest in Amazonia with historical and current data, offering the chance for scientists to study the impact of fragmentation on populations of animals and plants

Informe Técnico

DESCRIPCIÓN DE LOS SITIOS DE INVENTARIO

Los últimos 30–35 años han sido testigos impotentes de masivas olas de deforestación en la provincia de Sucumbíos, Ecuador, cerca de la ciudad petrolera de Lago Agrio (Figs. 2, 9). El Territorio Dureno, el cual cruza la línea equatorial y yace 50 km al este de las faldas de los Andes, es un parche de bosque de 9,469 ha que alberga territorios ancestrales de los indígenas Cofan. Es el mayor bloque de bosque que queda entre el pie de monte andino y el complejo de áreas protegidas de Cuyabeno, Pañacocha y Yasuní hacia el este. El río Aguarico demarca los límites norte y este del Territorio Dureno, y los Cofan mantienen trochas de 5 m de ancho que demarcan los límites sur y oeste.

Hacia 1978 (casi 30 años antes del presente inventario), una red de caminos usados por los petroleros aislaba el Territorio de manera efectiva de los bosques adyacentes (Fig. i, p.11). Apenas dos décadas después, hacia 1996, el Territorio terminó por convertirse en una isla de bosque (Figs. 2A, 9C).

El río Pisorié (Pisurí) y sus afluentes serpentean por el Territorio Dureno hasta desembocar hacia el este en el Aguarico (Fig. 10). Muestreamos el mismo Aguarico así como el Pisorié, y su mayor tributario, el Totoa Nai'qui, de igual modo que otros afluentes de estos ríos. Ninguna de las cabeceras nace dentro de los bosques del Territorio a excepción de la quebrada Grande. En este inventario, encontramos signos evidentes de contaminación únicamente en el río Castillequi (un afluente del Pisorié), cerca del borde del Territorio.

Del 23 de mayo al 1 de junio del 2007, científicos del Field Museum of Natural History, de Chicago, y del Museo Ecuatoriano de Ciencias Naturales, de Quito, se unieron a sus contrapartes Cofan para conducir un inventario rápido en tres sitios dentro del Territorio Dureno (Figs. 2B, 10). Debajo describimos estos tres sitios. Cada uno tiene un nombre Cofan que se refiere a un río o a un asentamiento Cofan aledaño. Para mayores detalles históricos correspondientes esta región y su uso por parte de los Cofan, ver el capítulo de Historia, pp. 108–117.

Campamento 1: Pisorié Setsa'cco (00°00.437' N, 076°40.17' W, 23–26 mayo 2007)
Nuestro primer campamento se encontraba a 25 minutos aguas abajo en bote desde la comunidad Cofan Dureno, cerca de 600 m al oeste del río Aguarico, en una

terraza plana ubicada encima de una pequeña y efímera quebrada. Pasamos dos días enteros explorando 8.6 km de trochas en el bosque entre los ríos Aguarico y Pisorié (Pisurí), estudiando los ríos mismos, sus afluentes, una laguna de aguas negras, planicies de río, bajiales pobremente drenados y varias colinas de unos 50 m de alto. Aun en lo más alto de las colinas predominaban los suelos arcillosos, aunque la arena se acumulaba a lo largo de las quebradas que serpentean a través del bosque.

La trocha que ingresa desde el río (cerca de 500 m) mostró signos de intensa actividad maderera. Más adentro, el bosque estaba en bastante mejor estado, aunque con algunos indicios de haber sido intervenido de manera selectiva. Una de nuestras trochas atravesaba una pequeña área donde aún crecen algunas especies como árboles de limón y palmeras de chontaduro, cultivos que dejaron en evidencia una previa intervención humana en el área. En este lugar, los Cofan construyeron una pequeña cabaña para turismo, la que aparentemente fue usada de forma limitada, y la cual fue abandonada hace unos 15–20 años.

Durante nuestra estadía, el río Pisorié tenía unos 10 m de ancho, y lo estudiamos a unos 5 km de su desembocadura hacia el este en el Aguarico (Fig. 10). El Pisorié debe su nombre al críticamente amenazado paují (*Crax globulosa*), el que, según explicaron los Cofan, era abundante a lo largo del río aunque ya se extinguió localmente. Este paují, especialista de islas de río, ya ha desaparecido de la mayor extensión de su rango. Es raro donde todavía ocurre, y globalmente se encuentra en peligro de extinción.

Un camino vehicular pasa paralelamente al Aguarico, a unos 15 m de la orilla. Maquinaria pesada utiliza este camino a diario, recogiendo grava y piedras del lado del río para la construcción de la carretera. El área alberga una sorprendente diversidad de bosque, considerando la accesibilidad provista por el camino y el río Aguarico.

Campamento 2: Baboroé (00°02.300' N, 076°44.530' W, 26–29 mayo 2007)
Nuestro segundo campamento se encontraba a unos 3 km caminando desde Baboroé, un asentamiento Cofan ubicado muy cerca del Aguarico. Acampamos en una terraza ubicada encima de una quebrada de 5 m de ancho, a unos 200 m del río Pisorié. Los niveles de agua de la quebrada, afluente del Pisorié, aumentaron y disminuyeron dramáticamente durante nuestra estadía: cerca de 2 m en un periodo de dos días.

Durante los dos días completos que pasamos en este lugar, exploramos 9.7 km de trochas en las colinas altas ubicadas entre el Pisorié y el Aguarico, a través de la planicie del río Pisorié, y continuando por un bajial entre el Pisorié y la comunidad Cofan de Pisorié Canqque, ubicada hacia el sur. La tala de grandes árboles utilizando maquinaria pesada ocurrió por toda el área a principios de los años 80s, con excepción de los filos más escarpados.

Las colinas eran más altas (50–100 m) y frecuentemente tenían crestas más arenosas, mostrando una flora más diversa que las colinas de nuestro primer campamento. Un par de filos bajos interrumpen los bajiales ubicados entre el Pisorié y la comunidad de Pisorié Canqque. Sin embargo, el área al sur del Pisorié está primariamente dominada por una mezcla de bosques de baja diversidad en los bajiales, y bosques secundarios regenerándose conforme uno se aproxima al asentamiento Cofan.

La gran extensión de terrazas de bajiales cerca del Pisorié es mucho más desarrollada de lo que uno podría esperar de un río poco correntoso de solo 8–10 m de ancho. El amplio parche de vegetación pantanosa que se extiende a lo largo del río, dominado por *Triplaris weigeltiana*, también fue algo inesperado, sugiriendo que esta área puede haber sido parte de una planicie de río trenzada y de mucho mayor tamaño. Nuestra hipótesis de trabajo, corroborada luego por información obtenida en las comunidades Cofan, sugiere que en un pasado reciente el río Coca debe haberse unido al Aguarico, ensanchando drásticamente la planicie de este último para incluir la mayoría de los bajiales del Territorio Dureno.

Sospechamos que las colinas altas del Territorio Dureno fueron esencialmente islas en la temporalmente más amplia planicie del Aguarico. Notablemente, las quebradas más correntosas que drenan las colinas altas, con piedras redondeadas que cubren los cauces de las quebradas, fueron distintas a cualquier otra quebrada que muestreamos en el Territorio Dureno. Las piedras redondeadas, junto a otros estratos de arcilla y arena, fueron presumiblemente transportadas durante el crecimiento de los Andes al paso de millones de años, erosionando desde entonces en estos filos. Ninguna de las quebradas poco correntosas de los bajiales contenía estas rocas, sugiriendo que han sido cubiertas por depósitos profundos de más reciente origen.

Campamento 3: Totoa Nai'qui (00°02.065' S, 076°45.167' W, 29 mayo–1 junio 2007)

Nuestro tercer campamento se encontraba en una terraza baja arriba del río Totoa Nai'qui (Aguas Blancas, en Español). Este lugar yace hacia el este de varios puntos importantes: cerca de 3 km del kilómetro 28 del camino principal a Lago Agrio; a unos 800 m de un pequeño asentamiento, Cooperativa 28 de Julio; y a unos 400 m del límite oeste del Territorio Dureno.

Acampamos en el bosque ubicado alrededor de un puesto de control de guardabosques comunales. Este puesto fue establecido por los Cofan para patrullar un área de 1,928 ha conocida como "Reserva Mundae," la que ellos mismos han zonificado para proteger fuentes de poblaciones de animales de caza, y de esta manera abastecer el resto del Territorio Dureno. Los guardabosques mantienen los límites de la Reserva, protegiéndola de los ingresos de los colonos, y estrictamente haciendo cumplir las regulaciones que prohíben la caza.

Durante los dos días enteros que pasamos aquí exploramos 12.5 km de trochas a través de planicies de río estrechas pobremente drenadas, bajiales planos, colinas altas (100 m), terrazas bajas grandes, y marañas esparcidas de bambú y lianas. Este fue el único lugar que visitamos con sustanciales parches de bambú, y fue el área que presentó la mayor diversidad de todas las que visitamos. El área comprendida por densas lianas y bambú se distingue en la imagen satélite (Fig. 2B).

Nuestras trochas facilitaron el acceso a los ríos Totoa Nai'qui y Castillequi, este último ubicado unos 2.7 km hacia el norte del campamento. Las orillas del Totoa Nai'qui y sus pequeños afluentes contienen numerosos pedazos de cerámica. Nada se sabe acerca de la arqueología de esta área. Los abundantes trozos de cerámica sugieren que una gran población debió haber vivido aquí por un corto periodo de tiempo, o que un grupo menor residió en la zona durante un lapso lo suficientemente largo como para acumular semejantes cantidades de artículos de alfarería.

FLORA Y VEGETACIÓN

Participantes/Autores: Corine Vriesendorp, Robin Foster, Sebastián Humberto Descanse Umenda, Laura Cristina Lucitante Criollo, Carlos Arturo Ortiz Quintero y Ejidio Quenamá Vaporín

Objetos de conservación: Uno de los últimos parches de bosque de suelos ricos cerca de Lago Agrio, una farmacia natural de remedios para los indígenas Cofan, y de 5 a 10 especies nuevas para la ciencia

INTRODUCCIÓN

Los bosques amazónicos alrededor de Lago Agrio están desapareciendo rápidamente por causa de la constante expansión de la operación petrolera, de los campos de agricultura y de la ganadería. Se conoce muy poco acerca de la flora y composición de las plantas de esta área, aunque un estudio etnobiológico de los Cofan de Dureno (Cerón 1995) y una parcela de una hectárea dentro de un pequeño fragmento (Cerón et al. 2005) son excepciones notables. Estudios realizados hacia el este del Territorio Dureno en las áreas protegidas más grandes de Ecuador, el Parque Nacional Yasuní (Pitman et al. 2001) y la Reserva de Producción Faunística Cuyabeno (Cerón y Reyes 2003; Valencia et al. 1994), así como algunas parcelas adicionales de una hectárea dispersas a lo largo de los ríos Aguarico y Napo, proporcionan importantes puntos de comparación.

Durante nueve días, del 23 de mayo al 1 de junio de 2007, hicimos un inventario rápido de la flora y vegetación del Territorio Dureno, el último fragmento de bosque relativamente extenso en las cercanías de Lago Agrio, y parte del territorio ancestral de los Cofan.

MÉTODOS

Nos enfocamos en los elementos más comunes y
distintivos de la flora, y a la vez nos concentramos en las
especies raras y/o nuevas. Nuestro catálogo de diversidad
de plantas del área refleja colecciones de especies de
plantas en fruto o flor, algunas colecciones estériles de
especies interesantes y/o desconocidas, y observaciones
sin colecta de especies y géneros bien conocidos de
amplia distribución.

Robin Foster tomó cerca de 700 fotografías de
plantas en el campo. Estas fotos están siendo organizadas
dentro de una guía preliminar de las plantas del
Territorio Dureno, y estarán disponibles de manera
gratuita en la página Web *http://fm2.fieldmuseum.org/
plantguides/*. Los especímenes de plantas del inventario
han sido depositados en el Herbario Nacional de Quito
(QCNE). Cualquier duplicado de las muestras será
enviado a otros herbarios del Ecuador, al Field Museum
(F) en Chicago, Estados Unidos, así como a varios
especialistas taxonómicos.

RIQUEZA FLORÍSTICA

Durante los nueve días que pasamos en el campo,
encontramos un sorprendente número de especies en
fruto y flor. Hicimos 440 colectas e identificamos cerca de
800 especies (Apéndice 2).

En base a nuestra experiencia en otros lugares de la
Amazonía, estimamos que existen cerca de 2,000 especies
de plantas en el Territorio Dureno.

El Territorio alberga una rica flora, dentro de las más
ricas en el mundo, similar a los megadiversos bosques
de Yasuní y Cuyabeno. En términos genéricos, el área
contiene una gran diversidad y abundancia de *Matisia*
(Bombacaceae), *Costus* (Costaceae), *Neea* (Nyctaginaceae),
Piper (Piperaceae), *Heliconia* (Heliconiaceae) y *Paullinia*
(Sapindaceae). Las epífitas de troncos en Araceae son
particularmente diversas. Como una indicación de esta
diversidad, en pocos días hicimos 29 colecciones fértiles
de Araceae, con 13 especies de *Anthurium*.

Dentro de las familias, hubo más diversidad de
Capparidaceae que lo usual. Solamente en especímenes
fértiles, colectamos cuatro especies diferentes de *Capparis*
en fruto y un *Podandrogyne* floreciendo. Igualmente,

las Nyctaginaceae eran sorprendentemente diversas, con
ocho especies de *Neea* y *Guapira* en fruto y flor. Aunque
encontramos pocos individuos en fase reproductiva, la
diversidad de Menispermaceae también fue alta.

Existe poca diversidad de palmeras (25 especies) en el
Territorio Dureno, pero éstas son localmente abundantes
y valoradas por los Cofan.

COMPOSICIÓN FLORÍSTICA

El Territorio Dureno alberga una rica flora, con muchas
especies raras a escalas espaciales pequeñas (de 1 km^2).
Sin embargo, algunas especies son localmente abundantes
a esta escala y las discutimos debajo.

Geogenanthus rizanthus (Commelinaceae) domina
la cobertura del suelo en la mayoría de terrazas y colinas
en los tres sitios. Algunas veces los clones formaron
extensiones de decenas de metros, aun cuando, de
acuerdo a nuestra experiencia previa, esta especie es
típicamente rara. Otra especie, *Geogenanthus ciliatus*,
sólo fue registrada en Totoa Nai'qui, y aun ahí era
escasa. En Totoa Nai'qui, una pequeña *Notopleura* sp.
(Rubiaceae) con frutos de color escarlata y flores blancas
fue la especie dominante de cobertura.

En Pisorié Setsa'cco, una de las especies del
sotobosque en las colinas altas fue una *Guatteria*
(Annonaceae), desconocida para nosotros, con grandes
flores blancas de pétalos pegajosos. Dos especies de
Fabaceae s.l. eran abundantes. Una de ellas, *Brownea
grandiceps*, era común en los tres sitios del inventario y a
lo largo y ancho de todos los hábitats. Sus impresionantes
flores rojas se percibían con facilidad a la distancia
y los individuos juveniles eran comunes. La otra
especie, *Browneopsis ucayalina*, tiene flores caulifloras.
Esta especie fue registrada en los tres sitios, aunque
únicamente en las colinas altas, y era mucho más común
en el Pisorié Setsa'cco que en los otros dos campamentos.
Algunos filos del Totoa Nai'qui eran dominados por
Senefeldera inclinata (Euphorbiaceae), especie arbórea
típica del subdosel.

ESPECIES ECONÓMICAMENTE VALIOSAS

Los Cofan han utilizado el Territorio Dureno durante décadas como fuente de especies maderables, principalmente para construir canoas (R. Borman com. pers.). Ya han extraído la mayoría de especies maderables de alto valor, incluyendo *Cedrela* sp. (Meliaceae), *Cedrelinga cateniformis* (Fabaceae, Mimosoidae), *Cordia alliodora* (Boraginaceae), *Minquartia guianensis* (Olacaceae), así como diferentes especies de triplay (*Virola* spp., Myristicaceae, y *Brosimum utile*, Moraceae). Existen también otras especies que han sido valorizadas por los Cofan, como "canelo," "caoba penala," "caoba prieto" y "caoba vitiado," pero no estamos seguros de los nombres científicos correspondientes a estos nombres comunes. Además, los Cofan utilizaron una especie de madera suave conocida como "manzano colorado," que antes podía encontrarse a lo largo de los ríos, y que ahora ha sido extirpada por completo de la zona. Sospechamos que esta especie podría tratarse de *Pseudobombax munguba* (Bombacaceae).

Durante el inventario observamos individuos esparcidos de *Cedrelinga cateniformis*, presumiblemente no maderables. Vimos una *Cedrela* sp. en Pisorié Setsa'cco, numerosas *Cordia alliodora* en Totoa Nai'qui y ocasionalmente *M. guianensis* y *B. utile*.

Además de especies maderables, dos especies de remedios naturales cada vez más populares se encuentran dentro de la Reserva Dureno: *Croton lechleri* (Euphorbiaceae) y *Uncaria tomentosa* (Rubiaceae), conocidas como "sangre de grado" y "uña de gato," respectivamente. Sin embargo, éstas son sólo dos de las muchas especies de remedios naturales utilizadas por los Cofan. Nuestros contrapartes Cofan encontraron durante las caminatas docenas de especies de suma utilidad para ellos, desde una especie de *Mayna* (Flacourtiaceae; Fig. 3E) cuya corteza se usa para aliviar dolores de cabeza, hasta *Centropogon loretense* (Campanulaceae), planta que utilizan para estimular la producción de leche en madres primerizas.

TIPOS DE VEGETACIÓN Y DIVERSIDAD DE HÁBITATS

Muestreamos tres sitios, cada uno notablemente diferente como se divisa desde el espacio, con diferentes colores y texturas visibles en la imagen de satélite (Fig. 2B). Pasamos de dos a tres días en cada campamento, tratando de cubrir la mayor área posible, colectando plantas y caracterizando la diversidad de hábitats y tipos de vegetación en forma simultánea.

Algunos hábitats—colinas (por lo general filos escarpados de 50 a 100 m de altura), terrazas pobremente drenadas y estrechos planicies del río—se encontraban en los tres lugares, aunque en diferentes grados de abundancia. Las colinas y filos mostraron la mayor diversidad de plantas, mientras que la diversidad que encontramos en las terrazas era intermedia, y la más baja en la planicie del río. No tuvimos tiempo de mapear asociaciones de especies con hábitats particulares. Sin embargo, pudimos identificar hábitats exclusivos en cada lugar: una pequeña laguna en Pisorié Setsa'cco; filos altos con capas arenosas y un gran pantano con predominancia de *Triplaris weigeltiana* (Polygonaceae) en Baburoé; y terrazas planas dominadas por marañas de bambú y lianas en el Totoa Nai'qui. Debajo, describimos brevemente algunos de los hábitats inusuales. Para descripciones más detalladas de los tipos de vegetación, ver Descripción de los Sitios de Muestreo, p. 85.

Todos los sitios mostraban terrazas bajas. Sin embargo, en las terrazas de Pisorié Setsa'cco encontramos altas densidades de *Iriartea deltoidea* (Arecaceae), suelos más saturados, diversidad florística moderada y un dosel abierto e interrumpido. La laguna cercana, el único hábitat de ese tipo en nuestro estudio, parece ser suficientemente productiva para mantener vegetación flotante, con una especie de *Nymphaea* distribuida en forma dispersa sobre dos tercios de la superficie de este pequeño cuerpo de agua.

En Baburoé encontramos las colinas más altas y arenosas, las cuales albergan la mayor diversidad florística y el dosel más alto (a unos 40 m). Los filos y colinas presentaban dosel continuo, contrariamente a los doseles más abiertos e interrumpidos de las terrazas. Pudimos registrar *Rapatea* (Rapateaceae, ver debajo) únicamente en los filos. Además, encontramos un amplio canal ubicado entre el río Pisurí y un afluente, poblado por cientos de tallos de *T. weigeltiana*, todos emergiendo del agua cuyo nivel estaba a la altura de la rodilla.

El Totoa Nai'qui fue el único lugar donde registramos un bambú de gran tamaño y fuertemente armado, *Guadua angustifolia* (Poaceae), así como extensas marañas de lianas, principalmente en las terrazas bajas ubicadas arriba del río Totoa Nai'qui.

RAREZAS, RANGOS DE EXTENSIÓN, ESPECIES NUEVAS

La mayoría de nuestras 440 muestras colectadas serán enviadas a especialistas para fines de confirmación y/o identificación, y el conteo total de las novedades encontradas en la Reserva Dureno será posible sólo con su ayuda. Debajo listamos algunos resultados preliminares de las rarezas encontradas, extensiones de rango y nuevas especies halladas durante el inventario.

En los filos arenosos de Baburoé, registramos una *Rapatea*, especie desconocida por nuestros contrapartes Cofan, así como por los Cofan de Zábalo, un poblado ubicado aguas abajo a orillas del río Aguarico. Hay una especie conocida de Sucumbíos (*R. spectabilis*), y necesitamos cotejar nuestras colecciones con algunas muestras de esta especie.

Encontramos dos especies potencialmente nuevas de *Aristolochia*: una con una flor casi triangular, moteada con colores marrón y amarillo (Fig. 3B), la cual despedía un fuerte aroma a limón; y otra con una flor verde mucho mas pequeña (5 cm), de interior purpúreo-verdoso. Los Cofan utilizan plantas dentro de este género como calmantes y relajantes musculares.

Uno de nuestros hallazgos mas sorprendentes fue un ejemplar de *Billia rosea* (Hippocastanaceae) en fruto y flor en uno de los filos del Totoa Nai'qui. Esta especie de semillas grandes y pesadas es típica de bosque montano por encima de los 1,000 m. Nuestro registro representa el primero en selva baja, lo que significa una sustancial extensión altitudinal de su rango de distribución. *B. rosea* es muy abundante en las montañas de Bermejo (Pitman et al. 2002), y existe la posibilidad que los mismos Cofan hayan transportado una semilla de esta especie hasta el

lugar donde encontramos el individuo en el Territorio Dureno. Sin embargo, la ubicación es inusual (R. Borman com. pers.), y no existe razón conocida por la cual los Cofan hayan sembrado la semilla. Por ahora, la manera como la gran semilla de una especie de bosque montano como *Billia* fue a parar en esta colina del Territorio Dureno es un misterio.

Un hallazgo raro adicional fue el haber encontrado frutos maduros intactos, tanto en el suelo como en la misma planta, de muchos arbustos y árboles. Por ejemplo, R. Foster nunca antes había observado frutos de *Jacaratia digitata* (Caricaceae) completamente maduros, ya que por lo general esos frutos son rápidamente consumidos en el bosque. En el Territorio, los frutos de color naranja de *Jacaratia* cuelgan intactos en los árboles. Encontramos patrones similares para otras especies, incluyendo varias Sapotaceae, *Herrania* (Sterculiaceae), *Spondias mombin* (Anacardiaceae), así como *Rudgea* y *Coussarea* (Rubiaceae). Es casi seguro que este fenómeno se deba en parte a la reducida presencia o ausencia de mamíferos grandes en la zona. Sin embargo, R. Borman (com. pers.) asegura que los bosques de la Reserva Dureno han sido siempre extremadamente productivos.

Nuestras observaciones podrían reflejar ambos: un bosque de alta productividad, como a uno que ha perdido especies dispersoras de semillas, fundamentales para especies de plantas de semillas grandes.

RECOMENDACIONES

Aunque el Territorio Dureno es un fragmento de bosque (9,469 ha), hemos quedado plácidamente sorprendidos al encontrar una flora robusta y diversa en el área. Para entender y manejar mejor el área, debajo incluimos algunas recomendaciones para inventarios adicionales, investigación y monitoreo o vigilancia de la flora.

Inventarios Adicionales

- Colectar plantas durante diferentes épocas del año para inventariar mejor la diversidad de la flora local.

- Enfocarse en los grupos más grandes, poco comprendidos, que albergan una parte sustancial de la diversidad (Araceae, Fabaceae, Lauraceae, Rubiaceae, Sapotaceae)

Investigación

- Conducir estudios focales de regeneración, productividad y dispersión de especies de plantas por aves y mamíferos grandes, priorizando especies con las semillas de mayor tamaño (p. ej., palmeras, Sapotaceae, Lecythidaceae, Moraceae, *Inga*, *Parkia*).

- Comparar la diversidad de fases iniciales en la vida de una planta (*life-history stages*) y la cobertura herbácea en áreas alrededor de árboles focales y en áreas dominadas por especies con semillas más pequeñas.

- Comparar estudios focales con otras localidades no fragmentadas con un complemento más completo de dispersores (p. ej., Cuyabeno, Yasuní)

Monitoreo/Vigilancia

- Conducir vigilancia del área (utilizando imágenes de satélite) para documentar cualquier cambio a gran escala (deforestación, reforestación), tanto en la Reserva Dureno, como en la matriz que la rodea.

- Investigar niveles de reproducción, regeneración y crecimiento de especies de plantas de interés por parte de los Cofan (remedios naturales, fuentes de alimento para especies de caza, especies maderables).

- Establecer una estación meteorológica, enfocada particularmente en documentar periodos de sequía, ya que esto tendrá un gran impacto en la composición de las plantas (especialmente debido a que este bosque, el cual se extiende por ambos lados del Ecuador, es uno de lugares más húmedos en la Amazonía).

MACROINVERTEBRADOS ACUÁTICOS

Autores/Participantes: Carlos Carrera Reyes, Mary Grefa Mendúa y José Chapal Mendua

Objetos de conservación: La laguna en Pisorié Setsa'cco y los esteros de fondos pedregosos en Baburoé en la zona colinada, ambas por ser formaciones únicas

INTRODUCCIÓN

Los ecosistemas acuáticos han sido de los más alterados por el uso humano. El agua dulce se halla alterada en su composición, calidad y cantidad debido a la contaminación directa por químicos y otros elementos productos de la escorrentía, como sedimentos que son transportados por los mismos. Otros factores que alteran a ríos y esteros son los cambios provocados por canalización y extracción o desviación de los cuerpos de agua. De esta forma, los sistemas han sido alterados y cambiados por milenios para el beneficio humano.

Sin embargo, en los últimos 20 años las transformaciones que ocurren han sido tremendamente drásticas, tanto en el ámbito global como nacional. Prácticas poco sostenibles y contaminación industrial a grandes escalas han cambiado radicalmente el paisaje. Localmente en la Amazonía norte, la expansión petrolera y la colonización descontrolada se convierten en las amenazas más importantes a la integridad de los sistemas acuáticos.

En Ecuador existen pocos estudios de macroinvertebrados acuáticos (p. ej., Araujo et al. 1996, 1997; Bersosa y Carranco 2000; Bersosa 2002; Carrera 2004). Investigaciones en la Amazonía se han realizado en sitios puntuales. Por ejemplo, Carrera y Fierro (2001a) realizaron una evaluación rápida en el área de aguas negras del sistema de humedales de Imuya, Bersosa y Carrera (2002) lo han hecho en la Amazonía sur en las estribaciones de la cordillera del Kutukú en la provincia de Morona Santiago. La gran mayoría de estudios no tienen bases científicas apropiadas por ser producto de levantamientos orientados para fines de evaluaciones de impacto ambiental. Finalmente, gran parte de estos estudios son parte de literatura gris no publicada o validada por procesos de publicación o edición profesional.

Los macroinvertebrados acuáticos son animales que se pueden ver a simple vista. Se llaman "macro" porque son grandes (miden entre 2 y 300 mm), "invertebrados" porque no tienen huesos y "acuáticos" porque viven en los lugares con agua dulce: esteros, ríos, lagos y lagunas. Los macroinvertebrados incluyen larvas de insectos, como mosquitos, caballitos del diablo y libélulas. Inician su vida en el agua y luego se convierten en insectos de vida terrestre. Además de los insectos, otros macroinvertebrados son caracoles, conchas, cangrejos, camarones de río, planarias, lombrices de agua, ácaros de agua y sanguijuelas. Los macroinvertebrados pueden vivir en hojas flotantes y en sus restos, troncos caídos y en descomposición, el lodo o en la arena del fondo del río, sobre o debajo de las piedras, donde el agua es más correntosa, y lagunas, lagos, aguas estancadas, pozas y charcos.

Estos animales proporcionan excelentes señales sobre la calidad del agua. Algunos de ellos requieren agua de buena calidad para sobrevivir, y otros, en cambio, resisten, crecen y abundan cuando hay contaminación. Por ejemplo, las moscas de piedra (Anacroneuria, Plecoptera) sólo viven en agua muy limpia y desaparecen cuando el agua está contaminada. (No sucede así con algunas larvas o gusanos de otras moscas que resisten la contaminación y son abundantes en ella.) Los macroinvertebrados acuáticos constituyen indicadores ideales de las condiciones de los sistemas acuáticos, ya que cambian la composición de sus comunidades con cambios en su hábitat. De esta forma están reflejando alteraciones vitales del entorno. Es así que se ha comprobado que derrames de petróleo así como de residuos domésticos afectan a sus poblaciones (Coucerio et al. 2006).

El estudio de los macroinvertebrados como indicadores de calidad de agua y como herramientas para el monitoreo biológico ha sido bien reconocido y estudiado. Rosenberg y Resh (1993) realizaron una revisión bibliográfica exhaustiva sobre el tema, y publicaciones como Plafkin et al. (1989) y sus versiones posteriores (Barbour et al. 1999) analizaron protocolos sobre evaluaciones rápidas de este grupo de invertebrados. Gerritsen et al. (1998) realizaron un protocolo para evaluaciones rápidas en lagunas y reservorios. En América tropical es poco el material disponible sobre estas metodologías.

MÉTODOS

Debido a la variabilidad de cuerpos de agua presentes en la cuenca se utilizaron varias técnicas para el muestreo. Usamos redes de arrastre para la vegetación litoral y para los fondos de esteros pequeños en los cuerpos de agua superficiales. En los esteros caminables y más profundos empleamos un red de patada (kick net), y en fondos de lagunas y ríos grandes utilizamos una Draga Eckman. Los materiales colectados (arcilla, hojas y otros sedimentos) fueron cernidos y recogidos en fundas herméticas a las que se colocó alcohol o revisamos directamente en el campo con la ayuda de bandejas de loza blanca y pinzas entomológicas. En todo caso, cada material contenía la identificación de sitio adecuada. El trabajo de laboratorio consistió en revisar las muestras colectadas en busca de macroinvertebrados, y colocarlas en frascos vacutainer de 3 ml con alcohol al 72%. Luego mediante lupas de aumento (10x) y posteriormente verificaciones en estereo-microscopio (1–4X) y uso de claves (Roldán 1988; Fernández y Domínguez 2001), se procedió a la identificación hasta el nivel sistemático más bajo posible y separó en caso de grupos similares hasta morfoespecies.

RIQUEZA Y COMPOSICIÓN

En toda el área encontramos 63 morfoespecies de macroinvertebrados acuáticos de 78 esperados (Apéndice 3). Los registros esperados están basados en otros estudios realizados para Amazonía baja de grupos que se encuentran más comúnmente (Carrera y Fierro 2001a; Carrera 2004). De esta forma, Dureno tendría un valor relativamente alto comparado con otros sitios en la Amazonía baja ecuatoriana en que se han encontrado 41 morfoespecies (Reserva Faunística Cuyabeno, en los humedales de Imuya; Carrera y Fierro 2001a) y 44 (Shiripuno, en el área de influencia del Parque Nacional Yasuní; Carrera 2004).

El grupo más abundante y más representativo del muestreo fueron los insectos, con 83% (53 morfoespecies) de la muestra. A nivel de órdenes, el más rico fue Odonata, representando el 19% (12 morfoespecies) de los grupos, seguido de Coleoptera (con el 17%, 11 morfoespecies). Ésto se explica debido a que la mayor parte de los ríos y hábitats muestreados son poco correntosos y por ello Odonata sobre todo tuvo una representación amplia. Los coleópteros por otro lado tienen a familias muy diversas, como Elmidae, cuya sistemática es compleja y no resuelta aún para el trópico americano, sobre todo por la variedad de sus formas larvarias de las que no se conoce su forma adulta.

La abundancia relativa es difícil cuantificarla debido a que no existió un método único de muestreo que unifique para realizar comparaciones entre sitios. Sin embargo, dentro de las colecciones realizadas, Hydropsychidae (Trichoptera) fue de lejos la más abundante. Esto se debió a su alta abundancia en los sitios de fondos pedregosos donde fue dominante. Muy cerca se encuentra *Buenoa* (Hemiptera), un patinador indicador de aguas oligomesotróficas ubicado en orillas de corrientes, y áreas lénticas abiertas y de poca vegetación, que estuvo principalmente presente en la laguna del Pisorié Setsa'cco.

La mayor riqueza estuvo en Baborué (41 morfoespecies), seguida por Pisorié Setsa'cco (31 morfoespecies) y terminando con Totoa Naí'qui (25 morphoespecies).

GRUPOS INDICADORES

Grupos indicadores de calidad, como *Anacroneuria* (Perlidae, Plecoptera), estuvieron presentes en cinco esteros afluentes del río Pisorié y Aguas Blancas. Estas moscas de piedra son altamente sensibles a la contaminación, sobre todo orgánica. Otros grupos de indicadores, como *Thraulodes* (Leptophlebiidae, Ephemeroptera) y *Phylloicus* (Calamoceratidae, Trichoptera), fueron encontrados en la mitad de los sitios de muestreo, en afluentes de los tres ríos, es decir en hábitats más lénticos y asociados más con la hojarasca, de la que se alimentan.

Los fondos arcillosos y poco oxigenados presentan Chironomidae, Oligochaeta e Hirudinea, grupos asociados con materia orgánica en descomposición y contaminación orgánica, los mismos que normalmente se consideran grupos indicadores de mala calidad; muy por

el contrario, las abundancias de estos grupos en el estudio fueron más bajas de lo esperado en el estudio.

Encontramos Helicopsychidae (Trichoptera) y Gordiidae (Gordioidea, Nematomorpha) inesperados. Helicopsychidae es un algívoro asociado sobre todo con ríos corrientes y asociado con las piedras con algas adheridas. Sin embargo, fue encontrado en un sitio de fondos areno-arcillosos asociado más bien a la hojarasca. Un nemátodo Gordiidae, parásito humano, estuvo asociado con raíces secundarias de lianas que como vegetación flotante se encuentran en ríos como el Pisorié. En estas lianas además se encontraron larvas de Libellulidae (Odonata) y en otros estudios incluso Oligoneuridae (Ephemeroptera), indicadores de alta calidad de agua.

Fue interesante finalmente encontrar gran abundancia de *Pomacea* (Ampullariidae, Gastropoda) en los esteros del Pisorié, lo que refleja el buen estado de sus poblaciones en la región, a pesar de ser una especie usada comúnmente por los Cofan en su alimentación.

La diversidad encontrada y la presencia de la mayoría de órdenes típicos de Amazonía—incluyendo Trichoptera, Odonata, Plecoptera y Ephemeroptera— refleja buenas condiciones en el Territorio Dureno desde el punto de vista de la calidad del agua. Sin embargo algunos sitios en el río Castillequi, cercanos a las áreas de chacras de colonos, presentan Oligochaeta y abundancias altas de Hirudinea, lo que podría indicar alguna forma de contaminación aguas arriba. La abundancia de algunos grupos, como Chironomidae, es baja y hay varios Dípteros y Coleópteros que aun cuando esperados no se encontraron en el muestreo y que se han encontrado en áreas amazónicas bajas.

RECOMENDACIONES

Se recomienda que se inicie un programa de monitoreo comunitario, usando macroinvertebrados como indicadores. Para ello, es crítico capacitar un equipo de un par de personas de la comunidad comprometidas con el proceso, que podrían ser también guardabosques. Se puede preparar material apropiado (como el desarrollado por Carrera y Fierro 2001b) para capacitación comunitaria. Adaptado para la realidad local de Dureno, puede ser de útil aplicación el momento de tomar decisiones sobre conservación, manejo o determinar contaminación producto de derrames o prácticas inadecuadas aguas arriba.

Investigaciones más específicas deberían realizarse sobre los efectos de la contaminación petrolera en los esteros y ríos de esta área aislada propensa a efectos crónicos de la misma. Estos efectos se podrán notar en la zona bentónica de los ríos y esteros. Por ello será necesario desarrollar protocolos que, con el apoyo de especialistas, pueden ser realizados en conjunto con la comunidad para determinar concentraciones de metales pesados bioacumulados por fauna bentónica. De esta forma se podrá conocer los efectos a largo plazo que han venido ocurriendo de forma crónica en la región.

También recomendamos considerar la protección de la laguna ubicada en el área circundante al Pisorié Setsa'cco. Aun cuando no encontramos grupos únicos o diferentes a lo esperado en ella, es una formación única dentro del área general del muestreo. También es importante a proteger los dos esteros de fondos pedregosos ubicados en el sector del Baburoé en el área colinada del mismo. Estos sitios no sólo fueron los de mayor abundancia y riqueza de macroinvertebrados, sino que constituyen una zona de aguas de alta calidad única en Dureno, que podría tener fuentes incluso subterráneas de recarga, en la que con prácticas de mantenimiento de su vegetación riberana pueden garantizar el flujo a largo plazo de estos esteros únicos en la zona.

PECES

Autores/Participantes: Juan Francisco Rivadeneira R., Edgar René Ruiz Peñafiel y John H. Criollo Chapal

Objetos de conservación: Las cabeceras de los ríos Totoa Nai'qui, Castillequi y Pisorié (las cuales se encuentran fuera de la Reserva Dureno, afectados por herbicidas e insecticidas usados para pescar y actividades y por impactos petroleras); bosques inundables (los cuales se anegan en época lluviosa donde se congregan algunas especies de peces para desovar); grandes bagres y sábalos (que forman parte de la dieta de la comunidad de Dureno y pueden verse afectados por pesca excesiva)

INTRODUCCIÓN

La cuenca del río Napo es el sistema hídrico más grande del país. Abarca una extensión de 59,505 km^2 y está conformado por 16 subcuencas (CNRH 2002). Para estudios realizados en este gran sistema fluvial en Ecuador, se han registrado 473 especies de peces (Stewart et al. 1987), que significa el 67% de las 706 especies citadas en la lista de peces de agua dulce del Ecuador (Barriga 1991), siendo la cuenca del Napo, el área con mayor concentración de ictiofauna en el país. Esta gran riqueza íctica se debe a la variedad de hábitats acuáticos. En estos ecosistemas, confluyen especies de peces migratorias y nativas, principalmente para desovar o alimentarse, constituyéndose así en un refugio importante para la ictiofauna de la Amazonía.

Formando parte de la cuenca del río Napo se encuentra la subcuenca del río Aguarico. Este cuerpo de agua se origina por la unión de los ríos Cofan y Chingual, que nacen en la denominada Serranía Cofan. La Serranía es una de las zonas habitadas ancestralmente por los Cofan (Pitman et al. 2002), localizada al noroccidente de la provincia de Sucumbíos. En su recorrido de 390 km, al río Aguarico desembocan varios cuerpos de agua, entre los que se encuentra el río Pisorié, eje fluvial de la microcuenca que abarca todo el Territorio Dureno.

En lo que respecta a la ictiofauna del río Aguarico, no se conoce el número de especies que habitan esta subcuenca. Para la localidad de Santa Cecilia a orillas de este río, se han reportado 53 especies (Saul 1975), pero se podría estimar que al menos la mitad de las especies reportadas para la cuenca del Napo se encontrarían en esta subcuenca, principalmente por su extensión, gradiente e importancia como afluente del río Napo.

MÉTODOS

El inventario rápido de la ictiofauna del Territorio Dureno se centró en conocer la riqueza del río Pisorié y sus afluentes, así como tener una referencia de la composición íctica del río Aguarico. Para la colección de especímenes en el campo usamos las siguientes técnicas de colección: una red de arrastre (1.5 m por 6 m), una atarraya (1.5 m de diámetro), redes de agallas (10 m de largo, con ojos de 3 cm), una red de mano y un equipo de pesca eléctrica.

Se establecieron estaciones de muestreo y se usaron fichas para documentar las características de los cuerpos de agua estudiados y los diferentes hábitats de colección.

Los peces capturados fueron sacrificados en una solución de formalina al 10%, envueltos en gasa y empacados en fundas con cierre hermético para su transporte. En el laboratorio, los especimenes se lavaron para quitar la formalina, se colocaron en frascos de vidrio con alcohol al 74% y se ingresaron a la colección de Ictiología del Museo Ecuatoriano de Ciencias Naturales (MECN).

RESULTADOS

Registramos 22 familias y 54 especies (incluyendo nueve especies endémicas), que representa el 68% de las 80 especies estimadas para esta zona, así como el 11% de las especies registradas para la cuenca del río Napo (Apéndice 4). En el río Pisorié y sus afluentes encontramos 40 especies y 17 familias, mientras para el río Aguarico 29 especies y 14 familias.

Las 21 especies de la familia Characidae ("carácidos" en Español y *sambiris* en Cofan) constituyen el grupo con mayor riqueza y abundancia (el 38% de la riqueza encontrada). Registramos 14 especies de bagres, conocidos por los Cofan como *ccuivo*, que es el 25% de la ictiofauna hallada. Entre sambiris y ccuivos abarcan más del 65% de los peces reportados para el Territorio Dureno.

Identificamos 14 especies que podrán ser comercializadas como peces ornamentales, principalmente por su patrón de coloración o formas de las aletas. Estas especies deberán ser estudiadas mejor, con la finalidad de poder establecer la factibilidad para su manejo o extracción.

Dos pequeñas especies de bagres de la familia Heptapteridae, *Cetopsorhamdia* cf. *orinoco* y *Heptapterus* sp., podrían ser nuevos registros para la ictiofauna de la cuenca del río Aguarico.

La diferencia encontrada entre la riqueza íctica de los ríos Pisorié y Aguarico se debe principalmente a la heterogeneidad de los hábitats de colección. Mientras que la microcuenca del río Pisorié presenta diversos ecosistemas—bosques inundables y pequeñas pozas aisladas, lugares ricos en ictiofauna—el río Aguarico a lo largo del Territorio Dureno presenta ecosistemas ribereños relativamente homogéneos, donde pocas especies encuentran refugio.

Es importante recalcar que las 29 especies reportadas para el río Aguarico representan el 55% de la riqueza encontrada en la localidad de Santa Cecilia, (Saul 1975) a escasos 25 km de la comunidad de Dureno. Dicho estudio ecológico duró seis meses y se efectuó en los ríos Aguarico y Conejo, este último es parte de la cuenca del río Putumayo.

RECOMENDACIONES

Dentro del Territorio Dureno, se encuentra un río principal, el Pisorié, y sus afluentes, los ríos Totoanaqui, Guara y Castillequi. Para mantener la integridad de estos cuerpos de agua, recomendamos:

- Sensibilizar a las comunidades que habitan alrededor del Territorio Cofan Dureno sobre los perjuicios del uso de herbicidas, insecticidas u otro veneno para pescar.

- Realizar estudios de ecología, hábitos alimenticios y comportamiento de las especies sugeridas como ornamentales para establecer la factibilidad de su manejo o extracción con el objetivo de comercializarlas.

- Hacer inventarios adicionales de la diversidad de peces del río Aguarico en otras épocas del año y a largo plazo, para conocer la ictiofauna de este importante afluente del río Napo.

- Documentar las épocas de migración y reproducción, con la finalidad de comprender la dinámica de las poblaciones de la ictiofauna de la subcuenca y la presión que podría existir sobre algún grupo de peces.

- Establecer periodos de veda, basado en investigación, si fuera necesario para especies de consumo.

ANFIBIOS Y REPTILES

Autores/Participantes: Mario Yánez-Muñoz y Ángel Chimbo

Objetos de conservación: Especies con rango de distribución restringida en la cuenca amazónica alta del norte de Ecuador y sur de Colombia (*Cochranella resplendes, Hyloxalus sauli, Ameerega bilinguis, Enyalioides cofanarum*); poblaciones en proceso de disminución o con datos deficientes, como grupos de ranas de cristal (Centrolenidae), ranas venenosas de flecha (Aromobatidae) y ranas nodrizas (Dendrobatidae); especies aparentemente desaparecidas o raras del área de Santa Cecilia (*Enyalioides cofanarum, Drepanoides anomalus*)

INTRODUCCIÓN

En 1978, la publicación realizada por William Duellman, "The biology of an equatorial herpetofauna in Amazonian Ecuador," divulgó a la comunidad científica y conservacionista el mayor record mundial de diversidad de anfibios y reptiles por unidad de área. Santa Cecilia, en la provincia de Sucumbíos y ubicada a orillas del río Aguarico, con tan sólo una extensión aproximada de 3 km, registró 173 especies de herpetos, un número similar a toda la fauna anfibia y reptilia de Norteamérica y el doble del continente europeo. Esta información, por cerca de dos décadas, sirvió para calificar a las selvas lluviosas tropicales en la cuenca amazónica y específicamente al norte de la Amazonía ecuatoriana, como el área de mayor diversidad en este grupo de vertebrados en todo el planeta. Aunque en la actualidad áreas como Yasuní (Ecuador) y Leticia (Colombia) han superado la riqueza de esta localidad histórica, es importante considerar que dichas zonas tienen una mayor extensión de superficie en relación a Santa Cecilia (Ron 2001–2007; J. D. Lynch, datos inéditos, citado en Young et al. 2004). Otras investigaciones en la región han sido desarrolladas hacia el pie de monte de la cordillera de los Andes, como el caso de Sinagoe (Altamirano y Quiguango 1997), Serranías Cofán-Bermejo (Rodríguez y Campos 2002) y a lo largo de la vía La Bonita–Lumbáqui (Campos et al. 2002).

En este inventario rápido, el objetivo principal fue el de caracterizar la composición del ensamblaje de la herpetofauna del Territorio Dureno para establecer una línea base para la conservación, zonificación y plan de manejo del área. En adición, este estudio pretendió aportar en cierta medida a conocer y evaluar la fragmentación y aislamiento que sufren las comunidades de herpetos en las áreas remanentes de este sector en el norte de la Amazonía ecuatoriana.

MÉTODOS

Las evaluaciones herpetológicas de campo fueron realizadas durante nueve días de trabajo efectivo, con la participación de un asistente local. Los sitios y fechas de muestreo comprendieron tres sitios, del 23 de mayo al 1 de junio del 2007: Pitsorié Setsa'cco, Baburoé y Totoa Nai'qui (ver Descripción de los Sitios de Inventario para los detalles de ubicación y calendario). Utilizamos una técnica de relevamiento de encuentros visuales de Heyer et al. (1994), dedicando 7 h diarias, durante el día y la noche, para la búsqueda de anfibios y reptiles. Nos recorrimos 2 km por cada punto de muestreo a lo largo de trochas establecidas, que trataron de cubrir la mayoría de hábitats y microhábitats en la zona. Acumulamos 6 km de recorrido y 63 h de búsqueda.

Adicionalmente, consideramos registros auditivos de vocalizaciones de anuros, encuentros ocasionales fuera de los recorridos establecidos e información indirecta (a través de comunicaciones personales de los habitantes locales). Para verificación de identificaciones taxonómicas al momento del estudio y en el futuro, se depositó una serie de 100 especímenes "voucher" en la colección de la División de Herpetología del Museo Ecuatoriano de Ciencias Naturales (MECN).

RESULTADOS

Registramos 173 individuos que agrupan a 79 especies: 48 anfibios y 31 reptiles (Apendice 5). También, proveemos una lista actualizada de la herpetofauna del área del río Aguarico, que contiene 194 especies (101 anfibios y 93 reptiles) y incluye actualizaciones taxonómicas, adiciones, distribución geográfica y estado de conservación de las especies.

Composición y caracterización del ensamblaje

Los anfibios están representados sólo por el orden de los anuros y están agrupados en ocho familias que cubren el 80% de las familias esperadas en al área. La familia más abundante en relación a la riqueza y abundancia absoluta es Hylidae (las ranas arborícolas), con cerca de la mitad de la composición de especies obtenidas, agrupadas en seis géneros y 18 especies. Las ranas de bosque (Brachycephalidae) y sapos mugidores (Leptodactylidae) son los dos grupos siguientes que aportaron mayor riqueza de especies, con ocho y siete especies, respectivamente. Las familias de ranas veneno de flecha y ranas nodrizas (Aromobatidae y Dendrobatidae), así como sapos Bufonidae, son representativas en el área de estudio y aportan con tres y siete especies cada una. Otras familias, como ranas de cristal (Centrolenidae) y ranas pigmeas (Microhylidae), sólo aportaron con dos y una especie, respectivamente. Destacamos la presencia de la rana acuática de uñas (*Pipa pipa*), la cual es relativamente difícil de registrar en inventarios biológicos rápidos.

Los reptiles están representados por tres órdenes (Squamata, Chelonia y Crocodylia) y cubren el 65% de las familias esperadas en el área. El orden de los escamosos (Squamata) es el más diverso, destacando una familia de ofidios (Colubridae) y unos lagartos (Gekkonidae y Gymnophtalmidae), que concentran la mitad de las especies obtenidas, con seis y cinco especies respectivamente. Otros grupos de reptiles escamosos, como saurios (Hoplocercidae, Teiidae, Polychrotidae) y víboras (Viperidae), aportan con dos y tres especies. En el caso de las especies de boas (Boidae), caimanes enanos (*Paleosuchus*), y tortugas terrestres y acuáticas (Testudinidae y Pelomedusidae), fueron adicionadas a la lista por medio de observaciones anteriores de los pobladores locales en las áreas de estudio.

Las tres áreas muestreadas no presentaron diferencias abruptas de riqueza absoluta, pero tan sólo compartieron el 28% de su composición, influenciado posiblemente por las características topográficas, florísticas y drenajes acuáticos de cada área.

El ensamblaje registrado es característico de las tierras bajas amazónicas, donde se aprecia una mayor composición de Hylidae, las cuales disminuyen significativamente su diversidad en el pie de monte de la cordillera y son reemplazadas en riqueza por los Brachycephalidae (*Eleutherodactylus*). El 80% de las especies tienen una amplia distribución en la cuenca amazónica, sin embargo tres especies (*Allobates insperatus*, *Hyloxalus bocagei* complex, *Enyalioides cofanarum*) son restringidas a Ecuador, dos (*Ameerega bilinguis*, *Hyloxalus sauli*) entre el norte de Ecuador y sur de Colombia y dos (*Allobates zaparo*, *Nyctimantis rugiceps*) en Ecuador y Perú. Estas características de amplia distribución geográfica han sido criterios utilizados para categorizar a las especies de anfibios en baja preocupación de amenaza (IUCN et al. 2004). En el caso de los reptiles, no se posee información consensuada para establecer sus amenazas, pero sin embargo algunos investigadores consideran principalmente a *Enyalioides cofanorum* como una especie de saurio que ha disminuido su área de ocupación.

La mayoria (75%) del ensamblaje de anfibios y reptiles inventariados está asociada a ecosistemas pioneros y climax en hábitats de bosques colinado y zonas inundables, destacando ranas de *Osteocephalus* en los bosques de colinas. Otras ranas, como *Ameerega*, *Allobates*, *Cochranella* y *Hyalinobatrachium*, están asociadas a zonas inundables y vegetación riparia, y los saurios *Alopoglossus* y *Enyalioides*, y las viboras *Bothrocophias* y *Bothriopsis*, a bosques colinados. Ciertos grupos ampliaron su área de ocupación en zonas de guaduales (parches de bambú), como la rana *Nyctimantis rugiceps*.

Registros y comentarios de interés científico, taxonómico y biogeográfico

Los hallazgos más sobresalientes de este estudio comprenden el registro más numeroso de saurios Gekkonidae para la región (cinco especies, comparado con tres en Santa Cecilia y cuatro en Cuyabeno). A pesar de la larga duración del estudio de Duellman (1978), registramos por primera vez para el área *Rhinella ceratophrys*, *Eleutherodactylus malkini* y *Bothrocophias hyoprora*.

La posibilidad de dos nuevas especies de ranas (Brachycephalidae y Centrolenidae) para la Amazonía ecuatoriana se abre en esta investigación. En el caso particular de *Hyalinobatrachium* sp. A, está caracterizada por una coloración dorsal verde claro con puntos negros, peritoneo visceral completamente transparente y corazón rojo, visible. Otras especies de Centrolenidae en la Amazonía de Ecuador con el corazón visible carecen de puntuaciones negras (verde con puntos amarillos en *Hyalinobatrachium munozorum*) y las que poseen este patrón (*Cochranella ametarsia*) no tienen un corazón visible (Guayasamín et al. 2006a). La segunda potencial especie nueva corresponde al género *Eleutherodactylus* y está asignada al grupo *unistrigatus*. Se caracteriza por manchas grandes e irregulares de color naranja en la ingle, las cuales defieren en forma y disposición a otras especies amazónicas con estas características, i.e., *Eleutherodactylus croceoinguinis* y *Eleutherodactylus variabilis* (Lynch 1980).

Aunque podría parecer novedoso el hallazgo de nuevas especies en una región ampliamente estudiada como la Amazonía, es importante recalcar la reciente discusión propuesta por Guayasamín et al. (2006b), donde se plantea la falta de muestreos y conocimiento de las especies de anfibios en el dosel y la copa de los árboles, lo cual podría incrementar notablemente el descubrimiento de especies nuevas en esta región.

Colostethus marchecianus, Epipedobates parvulus, Phrynohyas venulosa y *Mabuya mabouya* fueron reportados por Duellman (1978) en el Aguarico, sin embargo revisiones sistemáticas durante los últimos años han revelado que estas especies corresponden a *Allobates insperatus, Ameerega bilinguis, Trachycephalus resinifictrix* y *Mabuya nigropunctata*, respectivamente.

Aunque Rodríguez y Campos (2002) mencionan la presencia de *Enyalioides cofanorum* para las Serranías Cofán en Bermejo, este reporte es erróneo ya que la especie presentada en el estudio corresponde a otro miembro de la familia Hoplocercidae: *Morunasaurus annularis*. Si hubiera sido tratado correctamente habría representado el registro más septentrional y altitudinal para este saurio, conocido (hasta esa fecha) exclusivamente para la Amazonía centro-sur-ecuatoriana en la provincia de Pastaza. Actualmente se conoce que esta especie está presente en Colombia y ha sido también registrada en otros territorios de indígenas Cofan, como el Güeppí, de acuerdo a la base de datos del MECN. En este mismo reporte se hace mención del hallazgo de una posible nueva especie saurio de la familia Polychrotidae, tratada por los autores como *Dactyloa* sp., no obstante ésta corresponde a la especie *Anolis fitchi* distribuida en su límite altitudinal inferior.

DISCUSIÓN

Nuestro inventario representa el 40% de la herpetofauna esperada para la región del río Aguarico. Aunque Duellman (1978) menciona visitas esporádicas entre 1967 a Dureno, tan sólo reporta 16 taxa, 10 registradas en nuestros muestreos y 6 (*Phyllomedusa vaillantii, Mabuya nigropunctata, Anolis nitens, Polychrus marmoratus, Drepanoides anomalus, Liophis reginae*) que no las obtuvimos. Nosotros añadimos 63 especies, lo cual, combinando esta información permite preliminarmente reportar 85 especies para la zona de estudio (Apéndice 5).

El ensamblaje presenta una composición relativamente baja en Brachycephalidae y Microhylidae en anfibios, y Colubridae o Polychrotidae para reptiles, lo cual podría atribuirse a factores de degradación de los ecosistemas (sin descartar posibles efectos del muestreo al tratarse de grupos difíciles de capturar). Por lo cual es necesario incrementar colecciones del área que permitan responder estas interrogantes, así como obtener registros de especies únicamente reportadas por Duellman (1978) en Dureno, como el ofidio *Drepanoides anomalus*, la cual fue sólo reportada de esta localidad.

Aunque los patrones de distribución geográfica reportados para las especies inventariadas son de amplia ocupación en la cuenca amazónica, es necesario evaluar el área actual de presencia de las especies restringidas entre el norte de Ecuador y sur de Colombia, y específicamente la especie de rana de cristal, *Cochranella resplendes*, clasificada en datos deficientes (DD) según la IUCN et al. (2004).

La región del río Aguarico históricamente ha representado una de las zonas más ricas de anfibios del mundo (101 spp.) y regionalmente ha agrupado el mayor número de taxas en grupos como Centrolenidae y Caeciliidae. Sin embargo, no se ha evaluado y cuantificado la disminución poblacional de estos vertebrados por fragmentación y transformación de los hábitats, hoy en día reducidos a pastizales, como en Santa Cecilia, y bosques aislados, como en nuestra área de estudio. Aunque estos datos estiman que Dureno resguarda cerca de la mitad de especies reportadas para la zona del río Aguarico, también podrían advertir sobre una reducción mayor al 50% en la diversidad herpetofaunística local. Estos criterios justifican plenamente el impulso y desarrollo de un área protegida y manejada en Dureno, ya que podría ser el último refugio para la conservación de uno de los cuatro puntos en el planeta con mayor concentración de anfibios y reptiles.

RECOMENDACIONES

- Ciertos grupos, como ranas de la familia Dendrobatidae, o especies colonizadoras y pioneras de las familias Hylidae y Leptodactylidae, pueden ser ideales para monitorear y evaluar el efecto borde en el punto Totoa Nai'qui, que ayudarían a comprender la dinámica de las especies frente a estímulos como la transformación de hábitats.

- Búsquedas intensivas de ranas de cristal podrían responder a las interrogantes sobre el estado de conservación de este grupo en la región, del cual no se dispone información concreta.

AVES

Autores/Participantes: Douglas Stotz y Freddy Queta Quenamá

Objetos de conservacion: Aves de caza que representan un importante recurso para los Cofan, incluyendo Cracidae, Tinamidae y posiblemente Columbidae; loros grandes que pueden jugar un papel importante en la dispersión de frutos grandes y cuyas plumas tienen mucho valor para los Cofan; frugívoros, especialmente las especies más grandes que pueden llegar a llenar parcialmente los nichos vacantes de dispersión previamente ocupados por los mamíferos grandes

INTRODUCCIÓN

La selva baja ecuatoriana se encuentra entre las más ricas de la Amazonía en cuanto a especies de aves se refiere, y áreas a lo largo del río Napo y sus afluentes han sido especialmente estudiadas de manera extensa (Chapman 1926; Pearson et al 1977; Ridgely y Greenfield

2001). Sin embargo, la cuenca del Aguarico ha sido poco estudiada, siendo la Reserva Cuyabeno la porción más conocida de todo el sistema hidrográfico. Nuestro inventario probablemente ofrece el estudio de aves más detallado de la parte sur del Aguarico, y provee el punto de partida para documentar cambios en la avifauna de un parche moderadamente grande, pero aislado: el Territorio Dureno.

El aislamiento de Dureno esta bien documentado (Fig. 9 y Apéndice 1), y las perspectivas a largo plazo para mantener el parche de bosque son buenas. Sin embargo, parte de la avifauna ya se ha extinguido localmente (R. Borman com. pers.). Un entendimiento de las dinámicas poblacionales de la avifauna permitirá a los Cofan manejar sus recursos de manera efectiva en el futuro y proveerán un ejemplo a otros grupos indígenas que afrontan similares aislamientos de sus tierras por culpa de poblaciones de colonos explotadores en la Amazonía (p. ej., Rondônia, Mato Grosso y el sur de Pará en Brazil).

MÉTODOS

Nuestro protocolo consistió en caminar las trochas y en observar y escuchar a las aves. Salíamos del campamento poco antes del amanecer. Por lo general, permanecíamos en el campo hasta el principio de la tarde. Usualmente retornábamos al campo a partir de las 3:00 ó 4:00 p.m. hasta la puesta del sol. En una ocasión en Totoa Nai'qui, Stotz realizó un sondeo de búhos por 2 km de trocha hasta las 8:00 p.m. Caminamos por lo menos una vez todas las trochas en cada uno de los campamentos, principalmente por la mañana. Las distancias caminadas variaban entre campamentos dependiendo de la longitud de las trochas, pero por lo general cubríamos de 5 a 9 km por día. Mantuvimos registros diarios del número de individuos observados por especie. Cada noche recopilamos una lista de las especies del día y del número de individuos encontrados, y utilizamos esta información para estimar las abundancias relativas de especies en cada campamento. También incluimos observaciones de otros participantes del equipo del inventario, especialmente D. Moskovits.

RIQUEZA Y COMPOSICIÓN

Durante nuestro estudio realizado del 23 de mayo al 1 de junio, encontramos 283 especies en los tres sitios de inventario dentro del Territorio Dureno (Apéndice 6). Los tres sitios presentaron avifauna similar, con totales registrados durante periodos de dos a tres días, con un rango desde 199 especies en Pisorié Setsa'cco (incluyendo 6 especies observadas sólo en el Aguarico mientras nos trasladábamos desde este sitio al siguiente), hasta 176 en Totoa Nai'qui y 174 en Baburoé. La mayor variación representó diferencias en la medida y la calidad de hábitats influenciadas por el río en los tres sitios. Por ejemplo, sólo Pisorié Setsa'cco estaba cerca del gran río Aguarico y por ende tenía más especies ribereñas.

Quedan cerca de 9,500 ha de bosque en el Territorio Dureno, extensión suficiente para mantener grandes poblaciones de todas las especies, con excepción de las de mayor tamaño. Sin embargo, el aislamiento de Dureno de otros bosques ha tenido aparentemente efectos profundos en algunas especies de aves del bosque. Algunas especies grandes ya han desaparecido, incluyendo el Pavón Carunculado (*Crax globulosa*), el Paují de Salvin (*Crax salvini*), las tres especies de guacamayos grandes y las dos águilas más grandes, la arpía (*Harpia harpyja*) y la crestada (*Morphnus guianensis*).

Las 283 especies que encontramos durante nuestro inventario, aun cuando representan una diversa avifauna del bosque, quedaron cortas por unas 40 especies en cuanto a lo que hubiéramos podido esperar considerando nuestro periodo de muestreo, esfuerzo y hábitats estudiados. Sólo la cuarta parte de este déficit puede deberse a la ausencia de especies grandes o cazadas. La mayoría de aves ausentes son especies insectívoras relativamente pequeñas. Según nuestras observaciones, algunas familias tenían una representación ínfima, incluyendo Furnariidae (únicamente registramos 2 de un esperado de 15 a 20 especies), bucos, carpinteros, jacamares y trepadores. Otras familias grandes de especies principalmente insectívoras (Thamnophilidae y Tyrannidae) estuvieron por lo general bien representadas, pero cada una contenía algunas especies que esperábamos encontrar aunque no lo hicimos.

Además, las bandadas mixtas de especies de aves pequeñas que típicamente representan un elemento bastante característico del bosque estuvieron ausentes casi por completo. Encontramos sólo una bandada de sotobosque y una de dosel con estándares normales de especies, y aun estas bandadas eran pequeñas comparadas con promedios de otros lugares. Por lo contrario, en agosto – setiembre 2006, Stotz (no publ.) registró datos de composición en 52 bandadas durante 11 días en el campo en un inventario rápido realizado en las cabeceras del complejo de nacientes Nanay-Mazán-Arabela en el noroeste de Loreto, Perú. Aun ante la ausencia de bandadas, encontramos la mayoría de especies insectívoras que normalmente ocurren en bandadas, aunque muchas de ellas eran notablemente inusuales, incluyendo varias especies de hormigueritos, tangaras *Tachyphonus*, Piprites Alibandeado (*Piprites chloris*), Cabezón Gorrinegro (*Pachyramphus marginatus*) y Verdillo Ventriamarillo (*Hylophilus hypoxanthus*).

En contraste, las especies de aves frugívoras eran abundantes y diversas en todos los campamentos. Observamos casi todas las especies esperadas dentro de familias más importantes dominadas por especies frugívoras o parcialmente frugívoras, incluyendo los saltarines pequeños (Pipridae) y tangaras (Thraupidae), así como los tucanes grandes y barbudos (Ramphastidae), trogones (Trogonidae) y palomas (Columbidae). Fue muy interesante el hecho que los tucanes y barbudos (todos omnívoros, los cuales ingieren una significativa cantidad de frutos) estuvieron presentes, mientras que sus parientes cercanos—los carpinteros, jacamares y bucos (especies insectívoras)—se encontraron entre las familias con muchas especies ausentes.

Varias especies frugívoras fueron inusualmente comunes. La mayoría son especies frecuentes pero en Dureno parecían ser dos veces más comunes que lo normal. Estas incluyeron Tinamú Cinéreo (*Crypturellus cinereus*), Paloma Plomiza (*Patagioenas plumbea*), Paloma Frentigris (*Leptotila rufaxilla*), Trogon Coliblanco (*Trogon viridis*), Barbudo Filigrana (*Capito auratus*), Tucancillo Collaridorado (*Selenidera reinwardtii*), Tangara Verdidorada (*Tangara schrankii*), Cacique Lomiamarillo (*Cacicus cela*), Oropéndola

Dorsirrojiza (*Psarocolius angustifrons*) y Eufonia Loriblanca (*Euphonia chrysopasta*).

Sólo algunas otras especies resaltaron como inusualmente abundantes, incluyendo al Búho Penachudo (*Lophostrix cristata*). De dos a cuatro individuos de esta especie de búho cantaban cada noche cerca a nuestro campamento en cada uno de los tres sitios. El 30 de mayo, Stotz caminó de noche 2 km por una trocha y escuchó *Lophostrix* regularmente por intervalos de aproximadamente 150 m. Durante dos horas, escuchó dieciséis individuos, una cantidad extraordinaria tratándose de un búho tan grande y por lo general poco común. No tenemos una hipótesis que explique esta abundancia y en líneas generales se sabe muy poco acerca de esta especie.

Finalmente, unas cuantas especies adicionales merecen ser mencionadas. No registramos Caracara Gorgirrojo (*Ibycter americanus*), el cual ingiere principalmente larvas de avispas y abejas, y es típicamente común y obvio debido a su ruidoso canto que puede oírse desde lejos. No escuchamos ni observamos algún Corcovado Común (*Odontophorus gujanensis*), pequeña ave de caza con cantos característicos emitidos regularmente al amanecer o al caer la tarde, aunque aparentemente son moderadamente comunes cerca de la comunidad Dureno (R. Borman com. pers.). Escuchamos un Martín Pescador Grande (*Megaceryle torquata*) por el río Aguarico, pero no registramos alguno de los cuatro Martín pescadores (*Chloroceryle*) por los ríos Pisorié o Totoa Nai'qui, teniendo en cuenta la abundancia de bordes de río y hábitats aparentemente apropiados para ellos. Esto sugiere que existen problemas con las poblaciones de peces o calidad de agua a lo largo de estos cursos fluviales.

La Pava de Spix (*Penelope jacquacu*) fue el ave de caza más común, aunque observamos abundancias ligeramente más bajas de lo esperado. Los tinamú estaban presentes pero eran relativamente escasos, con excepción del Tinamú Cinéreo (*Crypturellus cinereus*). De los tres sitios, en Totoa Nai'qui observamos mayor evidencia de especies de caza que en los otros dos campamentos, y el Trompetero Aligris (*Psophia crepitans*) fue encontrado sólo en ese campamento. La Pava Goliazul (*Pipile cumanensis*) aparentemente tiene una población

significativa en ese lugar (y no en los otros dos sitios), pero no fue encontrada durante nuestra breve visita.

FRAGMENTACIÓN

Probablemente no existen buenos estudios comparativos de cambios de avifauna en parches de bosque. La mayoría de estudios se han realizado en parches que son mucho menores que Dureno, o que carecen de buenos registros históricos. Sin embargo, estudios realizados en lugares tan diferentes, como los de la isla de Barro Colorado, Manaus y el sur de Brasil, sugieren que las singularidades que observamos en Dureno son consistentes con los cambios que ocurren debido a la fragmentación y al aislamiento. Especies corpulentas y especies insectívoras, especialmente Thamnophilidae y Furnariidae, responden pobremente al aislamiento, mientras que las aves frugívoras, especialmente las especies de dosel, las cuales no se ven afectadas. Obviamente se requiere de mucho más estudios, pero estas evaluaciones iniciales sugieren que el Territorio Dureno ya está experimentando algunos impactos negativos de fragmentación, aun cuando queda todavía un bosque relativamente grande (aproximadamente 9,500 ha) y ha transcurrido un periodo de aislamiento relativamente corto (30–35 años).

RECOMENDACIONES

Protección y Manejo

- Monitorear densidades de especies importantes para los Cofan (aves de caza, aves ceremoniales o culturalmente importantes) en el Territorio Dureno, inicialmente enfocándose en Cracidae, Tinamidae y loros grandes (guacamayos, *Amazona*, *Pionus*) para proporcionar datos para la subsecuente toma de decisiones de manejo comunal.

- Recopilar y analizar datos de presión de caza de aves ejercida por los Cofan, cotejar esta información con los datos de monitoreo arriba mencionados.

- Mantener y hacer cumplir las regulaciones que prohíben la cacería a foráneos que suelen cazar dentro de las tierras Cofan.

- Prohibir la caza de *Pipile*, *Psophia* y *Crax* dentro de las comunidades Cofan hasta que las poblaciones se recuperen, y limitar la caza de *Penelope* y posiblemente *Tinamus major* para permitir que estas poblaciones se fortalezcan.

- Crear una zona de amortiguamiento alrededor del Territorio Dureno para ayudar a proteger la Reserva Mundae de los colonos y de otros efectos de borde.

Capacitación

- Preparar el trabajo para futuros inventarios con contrapartes Cofan proveyendo copias de la versión en español de la Guía de Campo de la Aves de Ecuador (Ridgely y Greenfield 2006), y de la Guía de Campo de Mamíferos Neotropicales (Emmons y Feer 1999) a los puestos de control de guardabosques comunales y a cada una de las cinco comunidades Cofan.

Investigación

- Estudiar la ecología alimenticia del búho *Lophostrix* para entender su sorprendente abundancia en el Territorio Dureno.

- Mantener correspondencia con científicos que trabajan en Manaus en fragmentos de bosque para explorar las posibilidades de investigación comparativa y compartir las lecciones aprendidas.

Inventarios adicionales

- Muestrear insectos para determinar si la inusual baja abundancia pueda ser la causa de la baja diversidad de grupos insectívoros o si especies clave de insectos puedan haber sufrido disminuciones poblacionales significativas en el ámbito local.

- Conducir estudios de parámetros físicos (p. ej., humedad relativa, viento, intensidad de luz en el sotobosque) que son afectados por aislamiento y efectos de borde.

- Establecer muestreos a largo plazo de los niveles de contaminación de agua, examinando los patrones estacionales.

MAMÍFEROS GRANDES

Autores/Participantes: Randall Borman, Silvio Chapal y Alfredo Criollo

Objetos de conservación: Poblaciones saludables de *Tayassu tajacu*, con una población reproductiva dentro de la Reserva Mundae para repoblar áreas de caza; una única manada de *Tayassu pecari* y manejo para maximizar el uso del recurso sin amenazar su sobrevivencia a largo plazo; *Alouatta seniculus*, una especie de mono de reproducción lenta que debería ser aprovechada para la actividad de turismo responsable; pequeñas poblaciones de *Cebus albifrons*, una prioridad de manejo para la comunidad; *Priodontes maximus*, un mamífero grande que requiere una absoluta e inmediata protección dentro del Territorio Dureno, para su propio beneficio y por su importancia como un agente primario de control de hormigas cortadoras de hojas (*Atta* spp.)

INTRODUCCIÓN

La Comuna Cofan Dureno alberga a casi la mitad de los 1,000 Cofan que viven en Ecuador. En la actualidad, cinco comunidades habitan las casi 9,500 ha de áreas tituladas de propiedad de la Comuna, y la colonización por los alrededores ha prácticamente aislado a las poblaciones de mamíferos dentro del Territorio. Las comunidades que conforman la Comuna saben muy bien que si continúan realizando sus actividades tradicionales de caza y pesca como lo han venido haciendo dentro de su territorio, van a tener que adaptar estrategias de manejo que aseguren una viabilidad a largo plazo de las poblaciones presentes de especies silvestres.

MÉTODOS

Nuestro grupo estuvo conformado por tres investigadores, Randall Borman, líder del equipo, y Silvio Chapal y Alfredo Criollo, dos jóvenes pobladores de Dureno. Aunque Chapal y Criollo no tenían experiencia previa en técnicas de monitoreo y registro básico de datos, pudieron aprender rápidamente algunos procedimientos simples, lo que les permitió recopilar excelentes datos de campo. Nos concentramos en huellas recientes (de menos de 24 h), detección por oído y olfato, comederos y avistamientos. Registramos los encuentros anotando la trocha y la distancia. Todo el trabajo se realizó en horario diurno. Criollo y Chapal mantuvieron registros durante todas sus salidas al campo. Borman estuvo ausente durante tres días del inventario, y sólo pudo realizar dos muestreos en Pisorié Setsa'cco y uno en Baboroé. Sin embargo, Chapal y Criollo pudieron recorrer todas las trochas en los tres campamentos. En los campamentos Pisorié Setsa'cco y Baboroé, nos enfocamos principalmente en registros de huellas, siendo las quebradas y lugares barrosos los sitios más adecuados para realizar estas observaciones. Se obtuvieron escasos registros visuales. Sin embargo, la abundancia de mamíferos del Totoa Nai'qui permitió al equipo concentrarse en registros visuales y auditivos; aunque las huellas abundaban, el equipo no empleó mucho tiempo en tratar de obtener esta información.

No se intentó obtener registros de marsupiales, murciélagos o roedores menores, ya que nos concentramos en los mamíferos grandes que son considerados por la Comuna como "importantes," tanto por su valor alimenticio como por su significado cultural.

RESULTADOS

Registramos 26 de las 39–40 especies esperadas (Apéndice 7). Parece que dos especies han sido extirpadas del Territorio Dureno.

Pisorié Setsa'cco

El Pisorié Setsa'cco se caracterizó por tener comederos sustanciales, numerosos individuos de por lo menos dos y probablemente tres especies de armadillos (*Dasypus novemcintus, Dasypus kappleri* y *Cabassous centralis*), abundante evidencia de actividad alimenticia de *Potos flavus* y *Bassaricyon gabbii*, y una población moderada de *Agouti paca*. Frecuentemente encontramos huellas de *Mazama americana* y *Tayassu tajacu*, especies que aunque fueron registradas moderadamente, se mostraron nerviosas y temerosas debido a la presión de caza. Aun cuando obtuvimos registros de *Dasyprocta fuliginosa* en este campamento, estos fueron inusuales, posiblemente debido al uso constante de perros cazadores. Encontramos tropas de *Saimiri sciurus* y *Cebus albifrons*, las cuales desaparecían rápidamente ante nuestra presencia, clara evidencia del nerviosismos mostrado por estos primates. Aunque las tropas de *Saguinus nigricollis* eran

comunes, su comportamiento alerta también era evidente. Obtuvimos también un registro visual de *Callicebus moloch*, y dos individuos de *Aotus vociferans* fueron registrados a plena luz del día.

También registramos en este campamento el mayor número de huellas de *Leopardus pardalis*, posiblemente debido a la presencia de numerosos armadillos. *Myrmecophoga tridactyla* fue registrado tres veces en este sitio de inventario. *Sciurus igniventris* fue registrado una vez, y también fueron observados comederos de *Microsciurus flaviventer*. Las tropas de *Nasua nasua* eran relativamente numerosas. Un avistamiento sorprendente fue el de dos *Lontra longicaudis* jugando en pleno bajial inundado. Parte del esqueleto de un *Bradypus* sp. fue encontrado en una de las colinas.

Baboroé

La actividad de mamíferos fue mucho menor en Baboroé. Mientras que fue raro registrar especies de armadillo, y sólo fueron observados tres lugares que evidenciaron la presencia de guanta, *Dasyprocta fuliginosa* fue común, habiéndose avistado esta especie varias veces tanto por el equipo de mamíferos como por los otros equipos, encontrándose también numerosas huellas de estos roedores. Huellas de *Mazama* y *Tayassu* fueron también registradas aunque en pocas oportunidades. Una tropa mixta de *Saimiri* y *Cebus* en la que se observaron varios *Cebus* juveniles fue registrada nuevamente en este campamento, donde *Saguinus* también estuvo presente. Registramos también *Myrmecophoga tridactyla*, una huella de ocelote, y dos lugares que evidenciaron rastros de actividad de alimentación de *Nasua nasua*.

Totoa Nai'qui

Este sitio tuvo de lejos la mayor diversidad de mamíferos, y allí se obtuvo también el mayor número de registros importantes. Decidimos reducir la frecuencia de muestreos de huellas, ya que no podríamos haber llegado muy lejos si hubiésemos aplicado la misma intensidad de escrutinio que aplicamos en Pisorié Setsa'cco y Baboroé. Observaciones directas incluyeron docenas de tropas de *Saimiri* y *Saguinus*, y varias de *Alouatta*, por lo menos tres manadas de *Tayassu tajacu*, varios individuos de *Dasyprocta fuliginosa* y por lo menos un *Mazama americana*. Además de las observaciones directas, registramos huellas de *Tayassu pecari*, *Nasua nasua*, *Myrmecophoga tridactyla*, *Priodontes maximus* y *Mazama gouazoubira*. Registros auditivos enfatizaron la abundancia relativa de poblaciones de *Callicebus moloch* y *Alouatta seniculus* a lo largo de todo el sistema de trochas.

HALLAZGOS DESTACADOS

De lejos, Totoa Nai'qui tuvo la mayor incidencia de registros de armadillos. Cazadores confirmaron que observamos probablemente las dos especies de *Dasypus* (*D. novemcintus* and *D. kappleri*), aunque es difícil diferenciar las huellas de estos dos mamíferos. El registro más interesante en este lugar fue sin duda la abundancia de huellas de *Cabassous centralis*. Nos cruzamos en varias ocasiones con huellas de este armadillo de tamaño mediano. Esta especie es culturalmente interesante ya que no tiene nombre Cofan específico, y aparentemente su presencia en el lugar es relativamente reciente. El primer individuo colectado del que se tiene referencia data de fines de los años 80s.

Totoa Nai'qui corresponde a la "Reserva Mundae," reconocida por las comunidades como una reserva de 1,928 ha destinada a la producción de vida silvestre. Esta área representa un lugar ideal para mantener poblaciones estables de animales valiosos de caza, ya que combina una gran variedad de hábitats accesibles con sustanciales áreas enmarañadas de arbustos y bambú difíciles de penetrar. Las densidades de *Tayassu tajacu*, *Alouatta seniculus*, *Callicebus moloch* y *Saimiri sciurus* se comparan favorablemente con áreas similares de bosque prístino, como la Reserva de Producción Faunística Cuyabeno, así como con otras áreas que, a diferencia de Dureno, presentan pocas o ninguna amenaza. Se necesitarán mayores estudios para saber si, ante la constante presión de caza, estas poblaciones podrán producir un excedente lo suficientemente sustancial para continuar repoblando el resto del Territorio.

El nombre Reserva Mundae deriva de "munda," termino Cofan para *Tayassu pecari*. Por lo menos una gran manada (hasta 150 individuos) permanece en la zona. Las huellas evidenciaban la presencia de estos mamíferos en numerosos hábitats. Aparentemente la manada no se registró en Totoa Nai'qui durante nuestra estadía. Reportes indicaron que la manada se encontro en uno de sus periodos de salida de la Reserva, evidentemente bordeando las afueras de la comunidad principal de Dureno antes de enrumbar hacia el este para reingresar por Pisorie Setsa'cco, el mismo día que nuestro equipo se trasladadó al Totoa Nai'qui. Cazadores de la comunidad creen que estos "peregrinajes" duran por lo general alrededor de una semana, con retornos a los guaduales (parches de bambú) de la Reserva luego de ese lapso de tiempo. La presión de caza es evidentemente alta durante estas salidas, siendo cazados de 2 a 10 individuos en cada oportunidad. Mientras que este comportamiento no parece representar un problema para la altamente productiva manada, aún permanecen pendientes algunos asuntos de manejo. Primero, ¿cómo asegurar que la manada no abandone el Territorio Dureno, acción que garantizaría por completo su destrucción? Segundo, ¿cómo identificar cuotas de caza sostenibles, para maximizar la viabilidad a largo plazo de la manada para la comunidad? Tercero, ¿cómo asegurar que la manada no contraiga enfermedades de animales domésticos? En por lo menos un lugar del Totoa Nai'qui, cerca al límite, cerdos domésticos de los potreros adyacentes de los colonos se superponen con el territorio de las huanganas, así que la transmisión de enfermedades o parásitos permanece como una amenaza latente.

En general, nuestro muestreo de los mamíferos realizado en el Territorio Dureno nos deparó algunas sorpresas. Las áreas que presentaron actividad de caza en Pisorié Setsa'cco estaban obviamente bajo presión, aunque poblaciones significativas de animales clave fueron encontradas en ambos campamentos. El área de Reserva del Totoa Nai'qui fue impresionantemente diversa, considerando el aislamiento del Territorio Dureno y las presiones que afronta. La persistencia de *Mazama americana* y *Tayassu tajacu* en estas tres áreas indica su habilidad de resistir, tanto el aislamiento como la presión intensiva de caza. Es casi seguro que la inminente ausencia de *Myoprocta pratti*, una especie que esperábamos encontrar en abundancia, no se deba a presiones de caza.

Cualquiera sea la causa, no parece afectar a sus parientes más grandes: la guanta y la guatusa.

Sorprendentemente, Dureno se encuentra en buen estado de conservación. Con estudios adecuados y una estructura dinámica de manejo, esta zona continuará proveyendo un medio ambiente apropiado, lo que nos permite vislumbrar un futuro promisorio para las numerosas especies de mamíferos grandes que habitan el Territorio.

AMENAZAS

La principal amenaza observada es la presión de caza que ejerce la gente que vive fuera de la Comuna. Los colonos vecinos al Territorio Dureno representan una enorme fuente de presión, especialmente sobre los animales de caza más codiciados, como las guantas, guatusas, venados, sajinos y huanganas. Aunque la presencia de numerosos animales domésticos en la zona es una amenaza secundaria, podría ser potencialmente más impactante ya que éstos podrían transmitir enfermedades a las especies silvestres. Una diversidad genética reducida así como otros aspectos genéticos podrían potencialmente amenazar a largo plazo a poblaciones de mamíferos grandes de bajas densidades poblacionales.

RECOMENDACIONES

Los registros que obtuvimos de poblaciones de mamíferos grandes presentes dentro del Territorio sugieren que, con unas cuantas excepciones notables, la Comuna Cofan Dureno puede mantener poblaciones estables de la mayoría de mamíferos encontrados. La extracción de especies tendrá que ser cuidadosamente monitoreada para que esto ocurra, pero Dureno representa una opción viable para la supervivencia a largo plazo de una población diversa y saludable de mamíferos.

Debe incluirse las dinámicas de la manada de *Tayassu pecari* dentro de las prioridades para realizar estudios adicionales. Esta manada, que permanece intacta en un área relativamente pequeña, rodeada de animales domésticos que portan diversas enfermedades, parece desafiar el entendimiento convencional de las dinámicas poblacionales y uso territorial de *T. pecari*. La manada ofrece tanto una increíble oportunidad para realizar

estudios adicionales, como un increíble reto, mientras la Comuna busca establecer estrategias de manejo, fundamentales para proteger y maximizar el uso de un recurso primario que aun existe.

Tapirus terrestris puede convertirse en un importante recurso para la comunidad con un buen manejo. Actualmente, este mamífero no parece tener una población viable dentro del Territorio, aun cuando potencialmente es factible reintroducir esta especie, siempre y cuando se haga con un manejo adecuado.

Las dinámicas de las tropas de *Alouatta seniculus* y las manadas de *Tayassu tajacu* representan una oportunidad para realizar estudios adicionales en otras áreas. Ambas especies significan recursos importantes para la Comuna, y deben desarrollarse estrategias de manejo para maximizar su potencial. La Comuna necesita entender mejor la importancia de las especies silvestres más amenazadas, como *Priodontes maximus* y *Myrmecophoga tridáctila*.

Apéndices/Appendices

HISTORIA DE DURENO

Autor: Randy Borman

UNA BREVE HISTORIA DEL POBLADO DURENO

Los exploradores europeos de antaño describían las grandes villas y pueblos Cofan como lugares que usaban el transporte fluvial de manera extensiva, y que tenían trochas bien marcadas a lo largo de las cuencas. Los lazos políticos dispersos entre los pueblos permitieron una rápida respuesta ante ataques enemigos, y aunque los conquistadores españoles incursionaron en los territorios Cofan, no pudieron subyugar el área esencial de la nación a lo largo de los ríos Aguarico y San Miguel.

Sin embargo, las enfermedades del viejo mundo hicieron lo que la fuerza física no pudo hacer, y para principios del siglo XX los terruños Cofan se encontraban escasamente poblados. Un puñado de pequeñas unidades de familias extensas semi-nómadas deambulaba por los ríos aguas arriba y aguas abajo, frecuentemente por ese entonces de manera casi caprichosa, estableciendo poblados de corta duración en varios sitios aldeanos históricos conocidos, "de fácil uso."

Así era Dureno. La presencia de varios ríos tributarios pequeños pero navegables en el área— el complejo Pisorié (Pisurí)—Totoa Nai'qui (Aguas Blancas), el Cujavoe, el Tutuye (Teteye), el Tururu, y por supuesto el propio río Dureno—le daban atractivo a la localidad. Sin embargo, otras tres características eran aun más importantes.

La primera era la presencia de suelos limpios y arenosos para el lugar donde se iba a asentar el poblado, un requisito primario para la villa Cofan. Las arenas permitieron a los pobladores cortar la vegetación a nivel del suelo, mantener a raya las infecciones fúngicas, y proveer las condiciones más secas que la población requería para garantizar la buena salud y confort.

La segunda era la abundancia de palmeras "inayova" (*Attalea maripa*) para la elaboración de dardos para cerbatana. Una combinación de grano fino para penetración, densidad apropiada para balística, y una fragilidad que permitía que la punta envenenada se rompa limpiamente dentro de la presa, hacían de inayova el material perfecto para fabricar los dardos. Las palmeras de inayova no sólo eran útiles para las poblaciones locales sino que también figuraban como artículos de exportación para la gente de bosques montanos y de neblina según registros españoles.

La tercera característica que atrajo a la gente al área era en efecto la ausencia de algo: el mosquito. En los siglos subsiguientes al arribo de la malaria (una de las varias enfermedades que llegaron del Mediterráneo) la gente aprendió la importancia de los lugares donde la presencia de mosquitos era inusual, y Dureno era precisamente uno de ellos.

La primera nota histórica más reciente concerniente a Dureno fue la creación de un puesto misionero capuchino durante el declive de la época del auge del caucho, por el año 1918. Los caucheros construyeron una trocha entre el alto río Dureno y el río San Miguel hacia el norte, y se construyó una escuela y una iglesia en la bocana del Dureno. Los ancianos Cofan recuerdan la escuela como algo terrible, con palizas en caso de "ofensas," que iban desde hablar en *A'ingae* (lengua Cofan) hasta escribir los números de cabeza. La escuela fue cerrada en 1923, cuando una epidemia de sarampión devastó las poblaciones indígenas de los ríos Aguarico y San Miguel y el mercado del caucho colapsó.

Durante las dos décadas subsecuentes, Dureno se convirtió en un lugar de campos de caza a corto plazo. Pero con una plétora de maravillosas localidades para usar, las unidades de familias extensas no establecieron raíces en lugar alguno. Una villa se fusionó lentamente en Santa Cecilia a fines de los años 30s, debido en gran parte al corto camino terrestre (2 km) entre el Aguarico y el Quiye'qui (conocido ahora como el río Conejo), un afluente navegable del San Miguel.

HISTORY OF DURENO

Author: Randy Borman

A BRIEF HISTORY OF THE DURENO SETTLEMENT

Early European explorers describe large Cofan villages and towns, with extensive use of river transport and wide, well-marked trails along river drainages. Loose political ties between towns allowed for rapid response to enemy attacks, and while Spanish conquistadors made inroads into Cofan territories, they were unable to subjugate the core area of the nation along the Aguarico and San Miguel rivers.

However, Old World diseases did what physical force could not do, and by the early twentieth century the Cofan homelands were sparsely populated. A handful of small, semi-nomadic extended family units wandered up and down the rivers in what was frequently a whimsical manner, establishing short-term settlements in various known "user-friendly" historical village sites.

Dureno was one such site. The presence of several small but navigable tributary rivers in the area—the Pisorie (Pisurí)—Totoa Nai'qui (Aguas Blancas) complex, the Cujavoe, the Tutuye (Teteye), the Tururu, and last but hardly least, the Dureno River itself—lent appeal to the location. But three other characteristics were even more important.

The first was the presence of clean, sandy soils for the village site, a primary requisite for a Cofan village. The sands allowed the villagers to clean brush down to the ground, kept fungus infections at bay, and provided the drier conditions people needed for health and comfort.

The second was abundant *inayova* palms (*Attalea maripa*) for making blowgun darts. Combining fine grain for penetration, proper density for ballistics, and a brittleness that allowed the poisoned point to break off cleanly in the game animal, inayova was the perfect material for darts. The inayova palms not only served the local population but also figured as an export item to the montane and cloud forest peoples in Spanish accounts.

The third characteristic that attracted people to the area was the absence of something: the mosquito. In the centuries following the arrival of malaria (one of several diseases arriving from the Mediterranean), people learned the importance of sites where mosquitoes were rare, and Dureno was one such location.

The first more recent historical note concerning Dureno was the creation of a Capuchin missionary post in the waning days of the rubber boom, circa 1918. Rubber tappers built a trail between the upper Dureno River and the San Miguel River to the north, and a school and church were built at the mouth of the Dureno. Cofan elders remembered the school as a terrible thing, with beatings for any "offense," from speaking in *A'ingae* (the Cofan language) to writing a number upside down. The school was closed in 1923, when a measles epidemic ravaged the indigenous populations on the Aguarico and San Miguel Rivers and the rubber market collapsed.

During the subsequent two decades, Dureno was the site of short-term hunting camps, but with a plethora of wonderful locations to use, the extended family units did not establish roots in any one place. A village slowly coalesced at Santa Cecilia during the late 1930s, largely because of the short (2 km) portage between the Aguarico and the Quiye'qui (now known as the Conejo River), a navigable tributary of the San Miguel.

The death in the late 1930s of the titular chief of the Aguarico Cofan, Santos Quenamá, left two powerful shaman-leader figures, Santos's son Guillermo and nephew Gregorio, in Santa Cecilia. The underlying social conditions dictated a village split, but in typical Cofan fashion, the actual mechanisms were prosaic. Apolinario Mendua, a great hunter but one of the few Cofan with no shamanistic ambitions, moved down to Dureno for access to the inayova resources, built a small

HISTORIA DE DURENO

La muerte del jefe titular de los Cofan del Aguarico, Santos Quenamá, a fines de los años 30s, dejó a dos poderosas figuras, líderes chamanes, en la villa: Guillermo, el hijo de Santos, y Gregorio, el sobrino. Las condiciones sociales subyacentes dictaminaron la división del pueblo, pero al más típico estilo Cofan, los mecanismos reales eran prosaicos. Apolinario Mendúa, un gran cazador pero uno de los pocos Cofan sin ambiciones chamanísticas, se mudó a Dureno para tener acceso a los recursos de inayova, y construyó una pequeña cabaña y plantó unos cuantos plátanos. Apolinario describió el suelo arenoso de forma entusiasta, y Cristofer Criollo, otro cazador con pocas ambiciones para el chamanismo, decidió hacer un extenso viaje de cacería a la zona con su familia. Cristofer empacó y le dijo adiós a su amigo Guillermo, el cual esencialmente dijo, "que tengas un buen viaje, nos vemos cuando regreses." Al día siguiente al amanecer, Cristofer se estaba embarcando en su canoa cuando Guillermo llegó jadeando, cargando todo su equipaje. "Los mosquitos me mantuvieron despierto toda la noche, así que todo el tiempo estuve pensando en Dureno sin mosquitos, entonces me voy contigo." La mudanza de Guillermo a Dureno se hizo de muy distinta manera a la de cualquier simple cazador. Como un reconocido chamán y heredero del jefe titular, la presencia de Guillermo en Dureno garantizó que el lugar se convirtiese en un poblado, más que en un simple campamento de caza.

Durante los años siguientes, un núcleo formado por cuatro grupos de familias extensas se reunió alrededor de Guillermo en Dureno, mientras que un proceso similar resultó en la formación de la comunidad Dovuno (Fig. 2A), congregada alrededor de Gregorio Quenamá. El poblado original de Santa Cecilia fue abandonado para mediados de los 40s, y las dos villas nuevas fueron sólidamente establecidas. Dureno se encontraba originalmente en una gran isla ubicada muy cerca aguas arriba y al frente de la bocana del río Dureno. Además de los atractivos arriba mencionados, la vida silvestre en el área era increíble, el bosque era fácil de navegar, el suelo era bueno, y la vida era fácil. Las manadas de huanganas (*Tayassu pecari*) eran abundantes. Las dantas (*Tapirus terrestris*) estaban por todas partes. Tropas de monos chorongo (*Lagothrix* sp.) se encontraban en todos lados. Las aves de importancia ceremonial cuyos plumajes estaban destinados a confeccionar coronas y adornos asociados con actividades espirituales eran fáciles de obtener. Sólo se requería una simple travesía de un día aguas abajo para encontrar la collpa principal de loros del río Aguarico, con miles de loros harinosos (*Amazona farinosa*), valorados por sus plumas de la cola, y cientos de especies de menor tamaño, alimentándose a diario. A tan sólo unas horas de ahí, río abajo, era común encontrar bandadas de guacamayos escarlata (*Ara macao*) los cuales eran presa fácil cuando utilizaban los huecos en los árboles como bebederos.

En tiempos en que Bub y Bobbie Borman, equipo de traductores Wycliffe de la Biblia, arribaron en 1954, la población de Dureno había alcanzado 74 personas. El lugar era próspero en gran medida. La cacería era la principal ocupación de los hombres adultos, y precisamente la caza requiere con frecuencia de un exceso de necesidades propiamente dichas. No era poco común para un cazador experto matar hasta 15 chorongos de una sola tropa, y durante una cacería por el año 1957 se mataron 46 huanganas por toda la villa. La gente consumió carne en abundancia, y les arrojaba las sobras a los perros.

Durante este tiempo los cazadores raramente pasaban el Pisorié hacia el sur del pueblo. Las trochas que se originaban en el pueblo alcanzaban esta región pero no iban más allá. El Totoa Nai'qui era ocasionalmente el lugar de excursiones de pesca, pero nadie se adentraba mucho. Sin embargo, una fuerte tradición colocó poblaciones de *Tsampisu Aindeccu* o *Incavati Aindeccu* en las partes altas de este río. Ellos eran personas misteriosas, con la reputación de vivir como los actuales Cofan, pero capaces de volverse invisibles y usaban la magia para ocultar sus villas de los ojos entrometidos. Los chamanes eran capaces de comunicarse y de tratar con esa gente, pero los individuos normales

hut, and planted a few plantains. Apolinario returned to Santa Cecilia for a visit and enthusiastically described the sandy soil at Dureno to Cristofer Criollo, another hunter with few pretensions to shamanism. Cristofer decided to go down for an extended hunting trip with his family. When he packed, he said goodbye to his friend Guillermo, who said, essentially, "Have a good trip, see you when you get back." The next morning at dawn, Cristofer was getting into the canoe when Guillermo came puffing up, carrying all of his luggage. "All night the mosquitoes kept me awake and I kept thinking about Dureno with no mosquitoes, so I'm going with you." Guillermo's move to Dureno was of a very different quality than that of a simple hunter. As a recognized shaman and heir of the titular chief, Guillermo's presence at Dureno guaranteed that the site would become a village rather than just a hunting camp.

During the subsequent years, a nucleus of four extended family groups gathered around Guillermo at Dureno, while a similar process resulted in the formation of the Dovuno community (Fig. 2A), gathered around Gregorio Quenamá. The original village of Santa Cecilia was abandoned by the mid 1940s, and the two new villages were solidly established. Dureno was originally on a large island just upriver and across from the mouth of the Dureno River. In addition to the attractions already mentioned above, the wildlife in the area was incredible, the forest was easy to navigate, the soil was good, and life was easy. White-lipped peccary herds (*Tayassu tajacu*) were abundant. Tapirs (*Tapiris terrestris*) were everywhere. Woolly monkey (*Lagothrix*) troops were everywhere. Ceremonially important birds, whose plumage was destined for crowns and adornments associated with spiritual activities, were easy to obtain. A mere day's journey downriver was the premier parrot mineral lick of the Aguarico river, with thousands of Mealy Parrots (*Amazona farinosa*), prized for their tail feathers, and hundreds of lesser species, feeding daily. Only a few hours farther down river, where they used hollow-tree drinking sites, Scarlet Macaw (*Ara macao*) flocks were common and easy prey.

By the time Wycliffe Bible Translator team Bub and Bobbie Borman arrived in 1954, the population of Dureno had reached 74 people. The location was prosperous in most senses. Hunting was the main occupation of adult men, and hunting takes frequently exceeded actual needs. It was not uncommon for an expert hunter to kill as many as 15 woolly monkeys from a single group, and one hunt circa 1957 resulted in a village-wide kill of 46 white lipped peccaries. People ate copious amounts of meat, and threw the extra to the dogs.

During this time hunters rarely passed the Pisorie River, to the south of the village. Trails wound back in from the village to this region but did not go any farther. The Totoa Nai'qui was occasionally the site of fishing trips, but no one penetrated very deeply. A strong tradition placed populations of *Tsampisu Aindeccu* or *Incavati Aindeccu* in the upper sections of this river. These were a shadowy people, reputed to live like present-day Cofan, but capable of becoming invisible and hiding their villages from prying eyes via magic. Shamans were able to communicate and deal with these people, but only occasionally did normal individuals run into evidence of their presence. Whether these legendary people represent the remnant memories of some other tribal group or a day when Cofan populations actually expanded to include much of these smaller river tributaries remains a puzzling question, especially in light of the extensive ceramic remains throughout the area.

In the 1950s the Bormans observed many of the animals that have since disappeared from the region. The Wattled Curassow (*Crax globulosa*; in Cofan *pisoru*) was still present on the large islands up and down the Aguarico, with notable concentrations near the mouth of the Pisorie, at Arafoe, and at Chirisi. The giant otter (*Pteronura brasiliensis*) was common in the Aguarico River, with large *singepatti* (territorial clearings) at the mouth of the Pisorie and the Tutuye. Piping guans (*Pipile pipile*) were common around the village and represented a major source of oil for the community in the months of

HISTORIA DE DURENO

se encontraban sólo de manera ocasional con evidencia de su presencia. Por ahora sigue siendo un misterio tanto el hecho que esta gente legendaria represente las memorias remanentes de algún otro grupo tribal, como el día en que las poblaciones Cofan efectivamente se expandieron para incluir a la mayoría de estos afluentes más pequeños, especialmente ante la evidencia de numerosos restos de cerámica por toda el área.

Durante los 50s, los Borman observaron muchos animales que desde ese entonces han desaparecido de la región. El *pisoru* (*Crax globulosa*) estaba todavía presente en las grandes islas a lo largo del Aguarico, con notables concentraciones cerca de la bocana del Pisorié, en Arafoe, y en Chirisi. La nutria gigante (*Pteronura brasiliensis*) era común en el río Aguarico, con grandes *singepatti* o claros territoriales en las bocanas del Pisorié y Tutuye. La pavas de garganta azul (*Pipile pipile*) eran también comunes alrededor del poblado, y representaban una excelente fuente de aceite para la comunidad durante los meses de mayo y junio cada año. Los delfines rosados de río (*Inia geofrensis*) rebasaban las barreras de rápidos del medio Aguarico y viajaban mas allá de Dureno para pescar en las aguas de la bocana del Cujavoe.

Todo esto empezó a cambiar a mediados de los 60s. Un consorcio formado por las compañías petroleras Texaco y Gulf penetró los territorios Cofan con la precisión de una avanzada militar, movilizando equipos de estudio de sísmica y perforando pozos exploratorios a través de la región. Flotas de lanchas motorizadas, helicópteros y naves de aterrizaje y despegue de corta distancia para la movilización de trabajadores y suministros, así como los campamentos, se instalaron dentro de los poblados Cofan para aprovechar la disponibilidad tanto de comida fresca como de actividades sociales. El impacto inicial sobre la fauna fue mínimo, aunque el equipo de estudio de sísmica contrataba frecuentemente uno o dos cazadores para proveer carne fresca de monte, y se volvió popular el uso de cargas de sísmica para dinamitar peces. Los cazadores Cofan aprovecharon la red de trochas de la sísmica para acceder el hábitat previamente intacto, pero no hubo intentos de mantener las trochas, así que los años subsecuentes vieron a los cazadores Cofan retornar a sus campos de caza tradicionales sin reparo alguno.

Sin embargo, la presencia de cazadores Quichua equipados con linternas marcó la desaparición del pisoru. Cazadores furtivos mestizos extinguieron a la nutria gigante. Todos los ríos menores arriba mencionados fueron tremendamente contaminados como pozos exploratorios, perforados sin regulaciones ambientales, vertiéndose barro de sedimento y crudo en el bosque y las quebradas. El mismo río Aguarico fue testigo de derrames de petróleo menores. La ubicua *Rana palmipes* desapareció a principios de los 70s.

Hacia 1970, Lago Agrio se había establecido como un pueblo de auge del petróleo, satisfaciendo a los trabajadores petroleros pero desarrollando a su vez rápidamente su propia infraestructura. En enero de 1972, se completó la carretera entre Lago Agrio y Quito, y enormes cantidades de colonos, animados por políticas de hacienda del gobierno, acudieron de manera masiva a la región para reclamar las "tierras vacías" que en verdad eran territorios ancestrales Cofan. Para el verano de 1972, un camino cruzó desde el nuevo poblado de Shushufindi hasta la bocana del río Pisorié, y hacia 1974 otro camino fue construido a lo largo de la parte norte del Aguarico para acceder los pozos petroleros ubicados en esa región.

Durante este periodo, Dureno perdió el control de la parte norte del Aguarico. Los colonos arribaron para reclamar títulos sobre esas tierras, inclusive sobre aquellas que estaban siendo trabajadas, al igual que sobre viviendas que los Cofan poseían hacia la parte norte. Los cazadores eran hostigados cada vez más por los nuevos "propietarios de las tierras." Como reacción a esas presiones, miembros de la comunidad Cofan empezaron a cortar indefectiblemente los denominados "auto linderos"

May and June each year. Pink river dolphins (*Inia geofrensis*) passed the rapid water barriers on the middle Aguarico and traveled beyond Dureno to fish the waters at the mouth of the Cujavoe.

All this began to change in the mid 1960s. A consortium formed by the oil companies Texaco and Gulf entered Cofan territories with the precision of an advancing army, mobilizing seismic study teams and perforating exploratory wells throughout the region. Fleets of motor canoes, helicopters, and STOL (short take-off and landing) aircraft fanned out to move workers and supplies, and camps were formed within the Cofan villages to take advantage of the available fresh foods and social activities. The initial impact on wildlife was minimal, although the seismic study teams frequently hired a hunter or two to provide fresh game, and the use of seismic charges to dynamite fish became popular. Cofan hunters took advantage of the seismic grid trail network to access previously untouched habitat, but no attempts were made to keep up the trails, and the subsequent years saw the Cofan hunters returning to traditional hunting grounds without any qualms.

However, the presence of Quichua hunters armed with flashlights marked the vanishing of the Wattled Curassow. Mestizo hide-hunters wiped out the giant otter. All the small rivers mentioned above were tremendous polluted as exploratory wells, drilled with no environmental regulations, pumped drilling mud and crude oil into the forest and streams. The Aguarico River itself saw minor oil spills. The ubiquitous *Rana palmipes* frog disappeared in the early 1970s.

By 1970, Lago Agrio had become established as an oil-boom town, catering to the oil workers but quickly developing its own infrastructure. In January of 1972, the road between Lago Agrio and Quito was completed, and huge numbers of colonists, driven by government homestead policies, began to swarm into the region to stake out claims on what had once been Cofan ancestral territories. In the summer of 1972, a road cut across from the new town of Shushufindi to the mouth of the Pisorie, and by 1974 another road was built along the north side of the Aguarico to access oil wells in that region.

Dureno lost its hold on the north side of the Aguarico during this period. Colonists arrived to claim titles over lands, even ones already being worked as well as houses Cofan had to the north. Hunters were increasingly hassled by the new "land owners." In 1974, in reaction to these pressures, community members began to cut de facto boundary trails around what they considered direct-use areas on the south side of the Aguarico. These trails were interesting from a biological perspective because huge amounts of wildlife were suddenly accessible. Although hunting was still productive to the north of the Pisorie, when trail-making teams crossed the Pisorie on the way to the Totoa Nai'qui the sheer amounts of game staggered even Cofan hunters' imaginations. Incredible numbers of curassows, primates, and other game animals provided a major motivation for continuing work on the boundary trails, and hunting trips became a major way of maintaining the necessary presence in the area to keep out colonists.

Meanwhile, however, the entire north side of the Aguarico was no longer usable as a major food source, and the hunting areas up and down from Dureno were much less productive and increasingly problematic. In 1976, Dureno hunters were still able to go down river to Tururu to hunt Piping Guan, and as late as 1978 Cofan were still visiting tapir salt-licks to the north of the Aguarico on the Dureno River. All this increased the pressure on the Dureno Territory.

In 1977, the Instituto Ecuatoriano de Reforma Agraria y Colonización (IERAC) surveyed the Cofan territory, and in 1978 Dureno received title to 9,500 ha. During the same year, Texaco began to develop the Guanta Oil field and cut a road across the western boundary of the Dureno lands, completing a grid that effectively isolated the Dureno Territory. Colonists moved in quickly to establish land claims up to the Cofan boundaries, and Dureno organized biannual work parties to keep the boundaries clearly visible and forestall invasions. A likely artificial "bulge" or increase in wildlife

HISTORIA DE DURENO

(trochas demarcadoras de límites) en 1974, para proteger áreas de uso directo en la zona sur del Aguarico. Estas trochas eran interesantes desde una perspectiva biológica, ya que de pronto se tuvo accesibilidad a una enorme cantidad de fauna silvestre. Mientras que la cacería era todavía productiva hacia el norte del Pisorié, al tiempo que los equipos de trocheros cruzaron este río camino al Totoa Nai'qui, las cantidades totales de animales de caza asombraron la imaginación de hasta los propios cazadores Cofan. Increíbles cantidades de paujiles, primates y otras especies de caza significaron una gran motivación para poder continuar trabajando en las trochas-lindero, así que las expediciones de caza se convirtieron en una sustancial manera de asegurar la presencia necesaria en el área para mantener fuera a los colonos.

Mientras tanto, sin embargo, toda la parte norte del Aguarico ya no era utilizada más como una importante fuente de alimento, y las áreas de caza ubicadas aguas arriba y abajo de Dureno eran mucho menos productivas y cada vez más problemáticas. En 1976, los cazadores de Dureno podían todavía acceder río abajo a Tururo para cazar pavas de garganta azul, e inclusive hasta el año 1978 los Cofan todavía visitaban collpas de danta hacia el norte del Aguarico en el río Dureno. Todo esto aumentó la presión al Territorio Dureno.

En 1977, el Instituto Ecuatoriano de Reforma Agraria y Colonización (IERAC) inspeccionó el Territorio Cofan, y en 1978 Dureno recibió la titulación de un área de 9,500 hectáreas. También en 1978 Texaco comenzó a desarrollar el campo petrolero de Guanta y construyó un camino que atravesó el borde occidental de las tierras de Dureno, completando una red vial que aisló el Territorio de manera efectiva. Los colonos migraron rápidamente a la zona para establecer las demandas de las tierras que llegaban hasta los límites territoriales de los Cofan, así que Dureno organizó faenas dos veces al año para mantener los límites claramente visibles y para prevenir invasiones. Un posible "auge" artificial o incremento de las poblaciones de fauna silvestre dentro de las tierras de Dureno continuó a lo largo de los 80s a la vez que presiones de deforestación que ocurrían fuera de los límites de los Cofan forzaron el ingreso de animales de caza hacia adentro de la reserva. Aunque no de manera tan obvia como lo que ocurrió con el fenómeno en San Pablo de Kantesiaya, donde plantaciones fronterizas de palma aceitera se expandieron implacablemente, la colonización del área que rodea a Dureno explica indudablemente mucha de la estabilidad aparente con respecto a las poblaciones de mamíferos grandes y aves durante esos años.

La creación del nuevo poblado de Zábalo significó un impacto indirecto sobre las poblaciones de caza. Más de una docena de familias de Dureno se mudaron río abajo, disminuyendo así la presión ejercida por la comunidad hacia las poblaciones de caza. Ya con acceso a nuevos sitios para la cacería, estas familias no solamente dejaron de consumir las especies de caza de Dureno, sino que en efecto proveyeron importantes recursos como carnes ahumadas a sus parientes en Dureno.

La extracción de madera durante fines de los 70s y principios de los 80s trajo como consecuencia grandes impactos ambientales, especialmente en la esquina noroccidental de las tierras, donde tractores pesados extractores de madera de la compañía de triplay extrajeron la mayoría de los árboles maderables grandes. Los motosierristas exterminaban mientras tanto la mayoría de especies de madera dura, transportándola aguas abajo por el Totoa Nai'qui y el Pisorie, utilizando también hombres y caballos como fuerza de carga para sacar la madera.

En octubre de 1987 Texaco intentó imponer una carretera por el medio de las tierras tituladas de Dureno para desarrollar el campamento petrolero "Campo Dureno." La comunidad resistió, bloqueando la carretera y cerrando por completo la operación. Después de un asedio de seis meses, Texaco cedió y se hizo a un lado. Sin embargo, Dureno tomó la decisión de construir la primera de las cuatro actuales comunidades satélite a lo largo de los límites del Territorio, como una estrategia

populations within Dureno lands continued through the 1980s as pressures from deforestation outside of Cofan boundaries forced game animals into the reserve. While not as obvious as the similar phenomenon at San Pablo de Kantesiaya, where bordering oil palm plantations expanded relentlessly, the colonization of the area surrounding Dureno undoubtedly accounts for much of the apparent stability in large mammal and bird populations during these years.

An indirect impact on game populations was the formation of the new village of Zábalo. More than a dozen families from Dureno moved downriver, lowering the community pressure on game populations. With access to new hunting grounds, these families not only stopped eating Dureno game but actually provided important resources in the form of smoked meats to their relatives in Dureno.

Lumber extraction during the late 1970s and early 1980s created major environmental impacts, especially in the northwestern corner of the lands, where skidder tractors of the Plywood Company removed most of the large lumber trees. Chainsaw lumbermen meanwhile cleared out most of the valuable hardwoods, rafting lumber down the Totoa Nai'qui and Pisorie, as well as using humans and horses to carry out lumber.

In October 1987, Texaco made an attempt to put a road through the middle of Dureno's titled lands to develop the "Campo Dureno" oil field. The community resisted, blocking the road and completely shutting down the operation. After a six-month siege, Texaco backed down and pulled out. But Dureno made the decision to build the first of the four current satellite communities along the borders of the Dureno Territory, as a conscious strategy to keep colonists and lumbermen from taking advantage of the new road. Woolly monkeys (*Lagothrix* sp.), still present in relatively large numbers, disappeared during the following two years. The last reported woolly sighting was in late 1989.

A major shift in hunting techniques characterized the 1990s. Night hunting—with paca (*Agouti paca*), deer (*Mazama* sp.), armadillos (*Dasypus* and *Priodontes* spp.), and kinkajous (*Potos flavus*) as the major prey—became the norm. Various hunters experimented with commercial hunting (especially paca), but community pressure against this practice was strong and by the late 1990s commercial hunting was punishable with a stiff fine as well as social stigma.

Daylight hunting, especially with dogs, continued to be productive, with agoutis (*Dasyprocta fuliginosa*), peccary (*Tayassu* sp.), and deer as primary targets. Inexperienced young Cofan hunters found little reward in daylight hunting, however, leaving the field open for the older hunters.

During the present decade, increased isolation of the Dureno Territory is leaving its mark. Any temporary "bubble" in wildlife populations in response to deforestation around the Territory is gone. Collared peccary (*Tayassu tajacu*), deer, agouti, and armadillo populations appear to be intact and healthy. The presence of at least one herd of white-lipped peccary numbering more than 100 individuals is exciting. Toucans and Spix's Guans (*Penelope jacquacu*) remain abundant. Yet, tapirs are basically gone, and Woolly monkeys and Salvin's Currasows (*Crax salvini*) are locally extinct. Jaguars (*Pantera onca*), Capuchin monkeys (*Cebus* sp.), and Gray-winged Trumpeters (*Psophia crepitans*) are rare.

The community response to the growing conservation needs has matured during this decade. Initial attempts at regulations aimed at conserving resources in the 1980s folded in the face of pressures by colonists and roads, but in recent years, strategies such as the *guardabosques* (communal park guards) and community leadership meetings with neighboring organizations to talk about hunting and fishing regulations have come to the fore as mechanisms for creating an environment where conservation can succeed. The community (now five separate community centers with a population close to 500 people) continues to view its wildlife resources largely in terms of food for families, but a deep awareness of the need to create safe areas for wildlife to reproduce has fueled the creation of a zoning system with a 1,928-ha reserve completely off-limits to hunting.

HISTORIA DE DURENO

deliberada para evitar que los colonos y madereros se aprovechen de la nueva carretera. Los monos chorongo, que en ese entonces eran relativamente numerosos, desaparecieron durante los siguientes dos años. El último avistamiento de chorongos fue a fines de 1989.

Un gran cambio en cuanto a técnicas de caza caracterizó a los años 90s. La cacería nocturna—con guantas (*Agouti paca*), venados (*Mazama* sp.), armadillos (*Dasypus* y *Priodontes* spp.), y cusumbos (*Potos flavus*) como presas más comunes—se volvió casi una obligación. Varios cazadores experimentaron con la caza comercial (especialmente guanta), pero la presión de la comunidad en contra de esta práctica era fuerte y para fines de los 90s este tipo de cacería se castigaba con una firme multa así como estigma social.

La cacería diurna, especialmente utilizando perros continuó siendo productiva, con guatusas (*Dasyprocta fuliginosa*), pecaríes (*Tayassu* sp.) y venados como presas principales. Sin embargo, los cazadores Cofan más jóvenes e inexperimentados no hallaban recompensa con la caza a la luz del día dejando el campo libre a los cazadores mayores.

Durante la presente década, el cada vez mayor aislamiento del Territorio Dureno está dejando huella. Ha desaparecido cualquier "auge" temporal con respecto a poblaciones de fauna silvestre en respuesta a la deforestación del mencionado Territorio. Las poblaciones de sajinos (*Tayassu tajacu*), venados, guatusas y armadillos se encuentran intactas y saludables. La presencia de por lo menos una tropa de huanganas con más de 150 individuos es esperanzadora. Los tucanes y pavas de Spix (*Penelope jacquacu*) todavía abundan. Pero al mismo tiempo, las dantas prácticamente han desaparecido, y los chorongos y los paujiles de Salvin (*Crax salvini*) se han extinguido localmente. Los jaguares (*Pantera onca*), los monos capuchin (*Cebus* sp.) y los trompeteros de ala gris (*Psophia crepitans*) son raros de encontrar.

La respuesta de la comunidad con respecto a las crecientes necesidades de conservación ha madurado durante esta década. Los intentos iniciales de implementar regulaciones que apuntaban a conservar los recursos durante los 80s fracasaron ante la presencia de presiones de colonos y carreteras, pero en los años recientes, estrategias como la de los guardabosques y las reuniones de liderazgo comunal con las organizaciones vecinas para tratar sobre regulaciones de caza y pesca han pasado a primera plana, como los mecanismos de crear un medio ambiente donde la conservación pueda tener éxito. La comuna (con ahora cinco diferentes centros comunitarios que comprenden una población de cerca de 500 habitantes) continúa vislumbrando sus recursos de vida silvestre en gran parte como alimento para las familias, pero una profunda conciencia acerca de la necesidad de crear áreas seguras para la reproducción de la fauna silvestre ha promovido la creación de un sistema de zonificación con 1,928 hectareas reservadas completamente para su estricta protección.

Una ambición secundaria de la comunidad continúa dando vueltas alrededor de las posibilidades económicas con respecto a las oportunidades de trabajo relacionado con la conservación y el ecoturismo. Los jóvenes Cofan de todas las comunidades están cada vez más preparados para utilizar sus habilidades y conocimiento del bosque para desempeñarse como asistentes de investigación biológica, guardaparques, guardabosques, y para realizar otras iniciativas de conservación.

En el presente, Dureno representa un foco continuo para la cultura Cofan y la identidad nacional. Las actuales iniciativas de conservación representan la relación a largo plazo de los Cofan con su medio ambiente natural. A pesar del aislamiento, los Cofan están trabajando para asegurar que los bosques del Territorio Dureno permanezcan intactos en la medida de lo posible, aquellos bosques que fueron alguna vez posiblemente los más ricos del Ecuador, y los cuales permanecen disponibles tanto para la comunidad inmediata como para el resto del mundo.

HISTORY OF DURENO

A secondary ambition of the community continues to revolve around the economic possibilities of conservation-related work opportunities and ecotourism. Young Cofan from all communities are geared increasingly to using their forest skills as biology research assistants, park guards, forest guards, and in other conservation initiatives.

At present, Dureno represents a continuing focus for Cofan cultural and national identity. The present conservation initiatives represent the Cofan's long-term relationship with a forest environment. In spite of its isolation, the Cofan are working to ensure that the forests in the Dureno Territory remain intact, and that as much as possible of what was once one of the richest environments in Ecuador remains available for both the immediate community and for the rest of the world.

Plantas Vasculares /
Vascular Plants

Plantas vasculares registradas en tres sitios del Territorio Cofán Dureno, Ecuador, del 23 mayo al 1 de junio de 2007 por Robin Foster, Sebastián Humberto Descanse Umenda, Laura Cristina Lucitante Criollo, Carlos Arturo Ortiz Quintero, Ejidio Quenamá Vaporín y Corine Vriesendorp.

PLANTAS VASULARES / VASCULAR PLANTS			
Nombre científico / Scientific Name	**Sitio / Site**		
	Camp 1	Camp 2	Camp 3
Acanthaceae (16)			
Aphelandra sp. 1	x	–	–
Aphelandra sp. 2	–	–	x
Aphelandra sp. 3	–	–	x
Fittonia albivenis	x	–	–
Justicia sp. 1	–	–	x
Justicia sp. 2	–	–	x
Justicia sp. 3	–	x	–
Justicia sp. 4	–	x	–
Justicia sp. 5	x	–	–
Justicia sanchezioides	–	–	x
Mendoncia sp. 1	–	–	x
Mendoncia sp. 2	–	–	x
Razisea sp.	–	–	x
Ruellia chartacea	x	–	–
Sanchezia sp.	–	–	x
Sanchezia cyathibracteata	–	x	–
Alismataceae (1)			
Echinodorus sp.	x	–	–
Amaranthaceae (3)			
Amaranthus spinosus	x	–	–
Celosia sp.	–	x	–
Chamissoa altissima	x	–	–
Amaryllidaceae (1)			
Eucharis sp.	x	–	–
Anacardiaceae (2)			
Spondias mombin	–	x	–
Tapirira guianensis	–	x	–
Annonaceae (7)			
Guatteria sp.	x	–	–
Oxandra mediocris	x	–	–
Oxandra xylopioides	–	x	–
Trigynaea sp.	–	–	x
Unonopsis sp.	–	–	x
Xylopia cuspidata	x	–	–
(Desconocido/Unknown)	–	–	x
Apiaceae (1)			
Eryngium foetidum	–	x	–
Apocynaceae (7)			
Aspidosperma sp.	–	x	–
Himatanthus sucuuba	–	x	–

Vascular plants recorded at three sites in the Dureno Territory, Ecuador, from 23 May to 1 June 2007 by
Robin Foster, Sebastián Humberto Descanse Umenda, Laura Cristina Lucitante Criollo, Carlos Arturo Ortiz Quintero,
Ejidio Quenamá Vaporín, and Corine Vriesendorp.

LEYENDA/LEGEND

Sitio/Site
Camp 1 = Pisorié Setsa' cco
Camp 2 = Baboroé
Camp 3 = Totoa Nai'qui

PLANTAS VASULARES / VASCULAR PLANTS			
Nombre científico/Scientific Name	**Sitio/Site**		
	Camp 1	Camp 2	Camp 3
Lacmellea lactescens	–	x	–
Prestonia sp.	x	–	–
Tabernaemontana sp. 1	–	x	–
Tabernaemontana sp. 2	x	–	–
Tabernaemontana sp. 3	–	–	x
Araceae (36)			
Anthurium sp. 1	–	–	x
Anthurium sp. 2	–	–	x
Anthurium sp. 3	x	–	–
Anthurium sp. 4	x	–	–
Anthurium sp. 5	x	–	–
Anthurium sp. 6	–	x	–
Anthurium sp. 7	–	–	x
Anthurium clavigerum	x	–	–
Anthurium eminens	x	–	–
Anthurium loretense cf.	–	–	x
Anthurium pseudoclavigerum	–	x	–
Caladium smaragdinum	x	–	–
Dieffenbachia sp. 1	x	–	–
Dieffenbachia sp. 2	x	–	–
Dieffenbachia sp. 3	–	x	–
Dracontium sp.	x	–	–
Homalomena sp.	–	x	–
Monstera sp. 1	–	x	–
Monstera sp. 2	x	–	–
Monstera obliqua	–	x	–
Philodendron sp. 1	–	x	–
Philodendron sp. 2	–	–	x
Philodendron sp. 3	x	–	–
Philodendron sp. 4	–	x	–
Philodendron sp. 5	x	–	–
Philodendron ernestii	x	–	–
Philodendron tripartitum	x	–	–
Philodendron wittianum	–	x	–
Rhodospatha sp. 1	–	–	x
Rhodospatha sp. 2	x	–	–
Spathiphyllum sp.	–	–	x
Stenospermation sp.	–	–	x
Syngonium sp.	–	x	–
Urospatha sagittifolia	x	–	–
Xanthosoma sp.	x	–	–
Xanthosoma viviparum	–	–	x

PLANTAS VASULARES / VASCULAR PLANTS			
Nombre científico/Scientific Name	**Sitio/Site**		
	Camp 1	Camp 2	Camp 3
Araliaceae (5)			
Dendropanax sp. 1	x	–	–
Dendropanax sp. 2	x	–	–
Dendropanax quercetorum	x	–	–
Schefflera sp.	x	–	–
Schefflera morototoni	x	–	–
Arecaceae (25)			
Aiphanes ulei	x	–	–
Ammandra dasyneura	–	x	–
Astrocaryum chambira	–	x	–
Astrocaryum murumuru	x	–	–
Bactris sp.	x	–	–
Bactris corossilla	x	–	–
Bactris maraja	x	–	–
Bactris simplicifrons	–	x	–
Chamaedorea pauciflora	–	–	x
Chamaedorea pinnatifrons	x	–	–
Desmoncus giganteus	–	x	–
Euterpe precatoria	x	–	–
Geonoma interrupta cf.	x	–	–
Geonoma macrostachys	x	–	–
Geonoma maxima	–	x	–
Geonoma stricta	x	–	–
Hyospathe elegans	x	–	–
Iriartea deltoidea	x	–	–
Mauritia flexuosa	–	x	–
Oenocarpus bataua	–	x	–
Oenocarpus mapora	–	x	–
Phytelephas tenuicaulis	x	–	–
Prestoea schultzeana	x	–	–
Socratea exorrhiza	x	–	–
Wettinia maynensis	x	–	–
Aristolochiaceae (2)			
Aristolochia sp. 1	–	–	x
Aristolochia sp. 2	–	–	x
Asclepiadaceae (1)			
Sarcostemma sp.	x	–	–
Asteraceae (10)			
Clibadium sp.	–	x	–
Conyza bonariensis cf.	x	–	–
Eirmocephala megaphylla cf.	–	–	x
Mikania sp.	–	x	–

PLANTAS VASULARES / VASCULAR PLANTS			
Nombre científico/Scientific Name	**Sitio/Site**		
	Camp 1	Camp 2	Camp 3
Pseudelephantopus sp.	–	x	–
Tessaria integrifolia	x	–	–
Tilesia baccata	x	–	–
Vernonanthura patens	x	–	–
(Desconocido/Unknown) sp. 1	–	x	–
(Desconocido/Unknown) sp. 2	x	–	–
Begoniaceae (3)			
Begonia sp.	–	x	–
Begonia glabra	–	–	x
Begonia rossmanniae	x	–	–
Bignoniaceae (6)			
Callichlamys latifolia	–	x	–
Jacaranda copaia	x	–	–
Jacaranda glabra	x	–	–
Mansoa standleyi	x	–	–
Memora cladotricha	x	–	–
Tabebuia sp.	x	–	–
Bixaceae (1)			
Bixa urucurana	–	x	–
Bombacaceae (13)			
Ceiba pentandra	x	–	–
Ceiba samauma	x	–	–
Eriotheca sp.	x	–	–
Matisia bracteolosa	–	x	–
Matisia cordata	x	–	–
Matisia longiflora	–	–	x
Matisia malacocalyx	x	–	–
Matisia obliquifolia	x	–	–
Matisia oblongifolia	x	–	–
Ochroma pyramidale	x	–	–
Pachira sp.	–	–	x
Patinoa paraensis cf.	x	–	–
Pseudobombax sp.	–	–	x
Boraginaceae (6)			
Cordia sp. 1	x	–	–
Cordia sp. 2	–	–	x
Cordia sp. 3	–	–	x
Cordia alliodora	x	–	–
Cordia nodosa	x	–	–
Tournefortia sp.	–	x	–
Bromeliaceae (9)			
Aechmea abbreviata cf.	x	–	–

LEYENDA/LEGEND

Sitio/Site

Camp 1 = Pisorié Setsa' cco

Camp 2 = Baboroé

Camp 3 = Totoa Nai'qui

PLANTAS VASULARES / VASCULAR PLANTS			
Nombre científico/Scientific Name	**Sitio/Site**		
	Camp 1	Camp 2	Camp 3
Aechmea longifolia	–	–	x
Aechmea zebrina	–	x	–
Guzmania sp. 1	–	x	–
Guzmania sp. 2	–	–	x
Guzmania sp. 3	–	–	x
Neoregelia sp.	–	–	x
Pitcairnia sp.	–	x	–
Vriesia sp.	–	x	–
Burseraceae (3)			
Protium sp.	x	–	–
Protium neglectum	x	–	–
Protium subserratum	–	x	–
Cactaceae (1)			
Disocactus amazonicus	–	x	–
Campanulaceae (1)			
Centropogon loretense	–	–	–
Capparidaceae (5)			
Capparis sp. 1	–	–	x
Capparis sp. 2	x	–	–
Capparis detonsa	–	x	–
Capparis sola	x	–	–
Podandrogyne sp.	–	–	x
Caricaceae (2)			
Carica sp.	x	–	–
Jacaratia digitata	x	–	–
Caryocaraceae (1)			
Anthodiscus sp.	x	–	–
Cecropiaceae (14)			
Cecropia engleriana	x	–	–
Cecropia ficifolia	x	–	–
Cecropia herthae	–	x	–
Cecropia membranacea	x	–	–
Cecropia polystachya cf.	x	–	–
Cecropia sciadophylla	x	–	–
Coussapoa herthae	–	x	–
Coussapoa sp.	–	–	x
Coussapoa trinervia	–	x	–
Pourouma bicolor cf.	–	x	–
Pourouma cecropiifolia	–	–	x
Pourouma guianensis cf.	x	–	–
Pourouma minor	x	–	–
Pourouma mollis	–	x	–

PLANTAS VASULARES / VASCULAR PLANTS			
Nombre científico/Scientific Name	**Sitio/Site**		
	Camp 1	Camp 2	Camp 3
Chrysobalanaceae (3)			
Couepia sp.	–	–	x
Hirtella sp.	–	x	–
Licania sp.	x	–	–
Clusiaceae (13)			
Chrysochlamys sp.	–	x	–
Chrysochlamys ulei cf.	x	–	–
Clusia sp. 1	–	–	x
Clusia sp. 2	x	–	–
Garcinia madruno	–	x	–
Marila laxiflora	x	–	–
Quapoya peruviana	x	–	–
Symphonia globulifera	x	–	–
Tovomita weddelliana	–	x	–
Vismia sp. 1	x	–	–
Vismia sp. 2	–	x	–
Vismia sp. 3	x	–	–
Vismia sp. 4	x	–	–
Combretaceae (4)			
Buchenavia sp. 1	x	–	–
Buchenavia sp. 2	–	x	–
Terminalia amazonia	–	x	–
Terminalia oblonga	–	–	x
Commelinaceae (9)			
Dichorisandra sp. 1	–	x	–
Dichorisandra sp. 2	x	–	–
Floscopa peruviana	x	–	–
Floscopa robusta cf.	x	–	–
Geogenanthus ciliatus	–	–	x
Geogenanthus rhizanthus	x	–	–
Tradescantia zanonia	x	–	–
(Desconocido/Unknown) sp. 1	x	–	–
(Desconocido/Unknown) sp. 2	x	–	–
Connaraceae (2)			
Connarus sp. 1	x	–	–
Connarus sp. 2	x	–	–
Costaceae (10)			
Costus sp. 1	–	x	–
Costus sp. 2	–	x	–
Costus sp. 3	x	–	–
Costus sp. 4	x	–	–
Costus sp. 5	x	–	–

LEYENDA/LEGEND

Sitio/Site
Camp 1 = Pisorié Setsa' cco
Camp 2 = Baboroé
Camp 3 = Totoa Nai'qui

PLANTAS VASULARES / VASCULAR PLANTS			
Nombre científico/Scientific Name	Sitio/Site		
	Camp 1	Camp 2	Camp 3
Costus sp. 6	–	–	x
Costus sp. 7	x	–	–
Costus arabicus	–	x	–
Costus scaber	x	–	–
Dimerocostus strobilaceus	–	x	–
Cucurbitaceae (7)			
Cayaponia sp.	–	x	–
Fevillea cordifolia	x	–	–
Gurania sp.	–	x	–
Gurania lobata	x	–	–
Gurania rhizantha	x	–	–
Psiguria sp.	x	–	–
Psiguria triphylla	–	–	x
Cyclanthaceae (5)			
Asplundia sp. 1	–	x	–
Asplundia sp. 2	x	–	–
Carludovica palmata	x	–	–
Cyclanthus bipartitus	x	–	–
Thoracocarpus bissectus	–	–	x
Cyperaceae (2)			
Cyperus sp.	–	x	–
Scleria sp.	–	x	–
Dichapetalaceae (5)			
Dichapetalum sp.	–	x	–
Stephanopodium sp.	–	–	–
Tapura sp. 1	x	–	–
Tapura sp. 2	x	–	–
Tapura amazonica	x	–	–
Dilleniaceae (1)			
Doliocarpus sp.	–	x	–
Dioscoreaceae (1)			
Dioscorea sp.	x	–	–
Elaeocarpaceae (5)			
Sloanea sp. 1	–	x	–
Sloanea sp. 2	x	–	–
Sloanea sp. 3	x	–	–
Sloanea sp. 4	–	–	x
Sloanea sp. 5	x	–	–
Euphorbiaceae (25)			
Acalypha sp.	–	–	x
Acalypha mapirensis cf.	x	–	–
Acalypha diversifolia	x	–	–

PLANTAS VASULARES / VASCULAR PLANTS			
Nombre científico/Scientific Name	**Sitio/Site**		
	Camp 1	Camp 2	Camp 3
Alchornea glandulosa	–	x	–
Alchornea latifolia cf.	x	–	–
Aparisthmium cordatum	–	–	x
Caryodendron orinocense	–	–	x
Chamaesyce hyssopifolia	x	–	–
Chamaesyce thymifolia	x	–	–
Conceveiba guianensis	–	x	–
Croton lechleri	x	–	–
Croton matourensis	–	x	–
Hevea guianensis	–	–	x
Hieronyma alchorneoides	x	–	–
Mabea arenicola	x	–	–
Mabea nitida	–	x	–
Manihot brachyloba	–	–	x
Omphalea diandra	x	–	–
Pausandra trianae	x	–	–
Phyllanthus amarus	x	–	–
Sapium sp.	x	–	–
Sapium glandulosum	x	–	–
Sapium marmieri	x	–	–
Senefeldera inclinata	–	x	–
Tetrorchidium macrophyllum	x	–	–
Fabaceae-Caes. (17)			
Bauhinia sp. 1	x	–	–
Bauhinia sp. 2	x	–	–
Bauhinia glabra	–	–	x
Bauhinia guianensis	x	–	–
Bauhinia tarapotensis	x	–	–
Brownea sp.	x	–	–
Brownea grandiceps	x	–	–
Browneopsis ucayalina	–	–	–
Dialium guianense	–	x	–
Hymenaea oblongifolia cf.	–	–	x
Macrolobium sp. 1	–	–	x
Macrolobium sp. 2	–	–	x
Schizolobium parahybum	–	x	–
Senna sp. 1	–	–	x
Senna sp. 2	x	–	–
Senna silvestris	x	–	–
Tachigali sp.	x	–	–
Fabaceae-Mimo. (21)			
Abarema sp.	–	x	–

LEYENDA/LEGEND

Sitio/Site
Camp 1 = Pisorié Setsa' cco
Camp 2 = Baboroé
Camp 3 = Totoa Nai'qui

PLANTAS VASULARES / VASCULAR PLANTS			
Nombre científico/Scientific Name	Sitio/Site		
	Camp 1	Camp 2	Camp 3
Acacia loretensis	x	–	–
Calliandra angustifolia	x	–	–
Cedrelinga cateniformis	x	–	–
Inga acuminata	–	x	–
Inga auristellae	–	x	–
Inga cayennensis	–	x	–
Inga ciliata	x	–	–
Inga edulis	–	x	–
Inga marginata	x	–	–
Inga ruiziana	x	–	–
Marmaroxylon basijugum	–	x	–
Mimosa sp.	x	–	–
Parkia sp.	–	–	x
Parkia balslevii	–	–	x
Parkia multijuga	x	–	–
Piptadenia sp.	x	–	–
Piptadenia anolidermis	–	–	x
Zygia sp.	–	x	–
Zygia longifolia	x	–	–
Zygia schultzeana	x	–	–
Fabaceae-Papil. (18)			
Aeschynomene sp.	x	–	–
Clitoria javitensis cf.	x	–	–
Dalbergia monetaria	x	–	–
Desmodium sp.	x	–	–
Desmodium axillare cf.	x	–	–
Dioclea sp.	x	–	–
Dipteryx sp.	–	x	–
Dussia sp.	–	x	–
Erythrina amazonica	–	–	x
Erythrina poeppigiana	x	–	–
Indigofera suffruticosa	–	x	–
Machaerium floribundum cf.	–	–	x
Myroxylon balsamum	–	–	x
Pterocarpus sp.	–	–	x
Swartzia sp.	x	–	–
Swartzia arborescens	–	x	–
Swartzia simplex s.l.	–	x	–
Vatairea sp.	x	–	–
Flacourtiaceae (15)			
Banara guianensis cf.	–	x	–
Carpotroche longifolia	x	–	–

PLANTAS VASULARES / VASCULAR PLANTS			
Nombre científico/Scientific Name	**Sitio/Site**		
	Camp 1	Camp 2	Camp 3
Casearia sp.	–	x	–
Casearia javitensis cf.	x	–	–
Casearia prunifolia	x	–	–
Hasseltia floribunda	x	–	–
Laetia procera	x	–	–
Lunania parviflora	x	–	–
Mayna sp.	–	x	–
Mayna odorata	x	–	–
Neosprucea grandiflora	x	–	–
Pleuranthodendron lindenii cf.	–	–	x
Ryania speciosa	x	–	–
Tetrathylacium longifolium	x	–	–
Xylosma sp.	x	–	–
Gentianaceae (2)			
Chelonanthus alatus	x	–	–
Potalia coronata	–	x	–
Gesneriaceae (16)			
Besleria sp. 1	x	–	–
Besleria sp. 2	–	x	–
Besleria sp. 3	–	x	–
Besleria aggregata cf.	x	–	–
Chrysothemis pulchella	–	x	–
Codonanthopsis dissimulata	–	x	–
Columnea ericae	x	–	–
Diastema sp.	–	x	–
Drymonia sp.	–	x	–
Drymonia coccinea	x	–	–
Drymonia pendula cf.	–	x	–
Drymonia serrulata cf.	–	–	x
Gasteranthus corallina	x	–	–
Nautilocalyx sp.	x	–	–
Nautilocalyx lucianii	–	x	–
(Desconocido/Unknown) sp.	x	–	–
Gnetaceae (1)			
Gnetum nodiflorum cf.	x	–	–
Haemodoraceae (1)			
Xiphidium caeruleum	x	–	–
Heliconiaceae (9)			
Heliconia sp.	x	–	–
Heliconia aemygdiana	x	–	–
Heliconia episcopalis	x	–	–
Heliconia marginata	–	x	–

LEYENDA/LEGEND

Sitio/Site
Camp 1 = Pisorié Setsa' cco
Camp 2 = Baboroé
Camp 3 = Totoa Nai'qui

PLANTAS VASULARES / VASCULAR PLANTS			
Nombre científico/Scientific Name	Sitio/Site		
	Camp 1	Camp 2	Camp 3
Heliconia rostrata	x	–	–
Heliconia schumanniana	x	–	–
Heliconia spathocircinnata	x	–	–
Heliconia stricta	x	–	–
Heliconia velutina	–	x	–
Hernandiaceae (1)			
Sparattanthelium sp.	–	–	x
Hippocastanaceae (1)			
Billia rosea	–	–	x
Hippocrateaceae (1)			
Salacia sp.	x	–	–
Lamiaceae (4)			
Hyptis brevipes	x	–	–
Hyptis sp.	–	–	–
Ocimum campechianum	–	–	x
(Desconocido/Unknown) sp.	x	–	–
Lauraceae (5)			
Caryodaphnopsis fosteri	–	x	–
Ocotea sp. 1	–	–	x
Ocotea sp. 2	x	–	–
Ocotea javitensis	x	–	–
Ocotea oblonga	x	–	–
Lecythidaceae (6)			
Couratari guianensis	–	x	–
Eschweilera sp. 1	–	–	x
Eschweilera sp. 2	x	–	–
Eschweilera grandifolia	–	–	x
Grias neuberthii	x	–	–
Gustavia longifolia	–	x	–
Loganiaceae (3)			
Strychnos sp.	–	x	–
Strychnos darienensis cf.	x	–	–
Strychnos toxifera cf.	x	–	–
Loranthaceae (2)			
Phthirusa sp.	–	x	–
(Desconocido/Unknown) sp.	–	–	x
Malpighiaceae (4)			
Bunchosia argentea	x	–	–
Hiraea sp.	x	–	–
Hiraea grandifolia	x	–	–
Jubelina uleana cf.	–	x	–

PLANTAS VASULARES / VASCULAR PLANTS			
Nombre científico/Scientific Name	**Sitio/Site**		
	Camp 1	Camp 2	Camp 3
Malvaceae (5)			
Hibiscus sp.	–	x	–
Malvaviscus sp.	–	–	x
Pavonia fruticosa cf.	x	–	–
Sida sp.	–	–	x
Urena lobata	x	–	–
Marantaceae (19)			
Calathea contrafenestra	–	x	–
Calathea sp. 1	x	–	–
Calathea sp. 3	x	–	–
Calathea sp. 4	–	x	–
Calathea sp. 5	x	–	–
Calathea sp. 6	–	x	–
Calathea sp. 7	–	–	x
Calathea altissima	x	–	–
Calathea capitata	x	–	–
Calathea crotalifera	x	–	–
Calathea lutea	x	–	–
Calathea micans	–	x	–
Calathea variabilis cf.	–	–	x
Hylaeanthe unilateralis	–	–	x
Ischnosiphon sp.	–	x	–
Ischnosiphon cerotus cf.	–	x	–
Ischnosiphon hirsutus	–	x	–
Maranta sp.	x	–	–
Monotagma sp.	x	–	–
Marcgraviaceae (1)			
Marcgravia sp.	x	–	–
Melastomataceae (34)			
Aciotis sp.	x	–	–
Arthrostemma ciliatum cf.	x	–	–
Bellucia pentamera	x	–	–
Blakea rosea	–	x	–
Clidemia sp. 1	–	x	–
Clidemia sp. 2	–	x	–
Clidemia dimorphica	x	–	–
Clidemia heterophylla	x	–	–
Clidemia septuplinervia	x	–	–
Leandra sp. 1	x	–	–
Leandra sp. 2	x	–	–
Leandra sp. 3	–	x	–
Maieta guianensis	–	x	–

LEYENDA/LEGEND

Sitio/Site
Camp 1 = Pisorié Setsa' cco
Camp 2 = Baboroé
Camp 3 = Totoa Nai'qui

PLANTAS VASULARES / VASCULAR PLANTS			
Nombre científico/Scientific Name	**Sitio/Site**		
	Camp 1	Camp 2	Camp 3
Miconia sp. 1	x	–	–
Miconia sp. 2	–	x	–
Miconia sp. 3	–	x	–
Miconia sp. 4	–	x	–
Miconia sp. 5	–	–	x
Miconia bubalina	x	–	–
Miconia calvescens	–	x	–
Miconia fosteri	–	x	–
Miconia grandifolia	–	–	x
Miconia paleacea	x	–	–
Miconia tomentosa	–	x	–
Miconia trinervia	x	–	–
Monolaena primuliflora	–	–	x
Ossaea sp. 1	–	x	–
Ossaea sp. 2	–	x	–
Ossaea boliviensis	–	x	–
Tococa caquetana	x	–	–
Tococa guianensis	x	–	–
Triolena sp. 1	x	–	–
Triolena sp. 2	x	–	–
(Desconocido/Unknown) sp.	–	x	–
Meliaceae (12)			
Cabralea canjerana	x	–	–
Cedrela fissilis	x	–	–
Guarea sp. 1	x	–	–
Guarea sp. 2	x	–	–
Guarea gomma	x	–	–
Guarea macrophylla	–	–	x
Guarea pterorhachis	x	–	–
Guarea pubescens	x	–	–
Trichilia sp.	x	–	–
Trichilia elsae cf.	–	–	x
Trichilia pallida	x	–	–
Trichilia quadrijuga	x	–	–
Memecylaceae (2)			
Mouriri sp.	–	x	–
Mouriri myrtilloides	–	x	–
Menispermaceae (7)			
Abuta grandifolia	x	–	–
Anomospermum sp.	–	–	x
Chondrodendron tomentosum	–	x	–
Curarea tecunarum	x	–	–

PLANTAS VASULARES / VASCULAR PLANTS			
Nombre científico/Scientific Name	**Sitio/Site**		
	Camp 1	Camp 2	Camp 3
Disciphania sp.	–	–	x
Odontocarya sp.	x	–	–
Sciadotenia toxifera	–	x	–
Monimiaceae (3)			
Siparuna sp. 1	x	–	–
Siparuna sp. 2	–	x	–
Siparuna sp. 3	x	–	–
Moraceae (26)			
Batocarpus orinocensis	–	–	x
Brosimum sp.	x	–	–
Brosimum guianense	–	x	–
Brosimum potabile	x	–	–
Castilla ulei	x	–	–
Clarisia biflora	–	x	–
Clarisia racemosa	x	–	–
Ficus americana	–	x	–
Ficus insipida	x	–	–
Ficus maxima	–	x	–
Ficus paraensis	x	–	–
Ficus piresii	x	–	–
Ficus popenoei	–	x	–
Ficus tonduzii	–	–	x
Ficus yoponensis cf.	x	–	–
Naucleopsis krukovii	x	–	–
Naucleopsis ulei	x	–	–
Perebea guianensis	–	x	–
Poulsenia armata	x	–	–
Pseudolmedia laevis	x	–	–
Sorocea sp.	x	–	–
Sorocea muriculata	–	x	–
Sorocea sp. 1	–	x	–
Sorocea sp. 3	–	x	–
Sorocea steinbachii	x	–	–
Trophis caucana	x	–	–
Myristicaceae (7)			
Iryanthera paraensis cf.	x	–	–
Osteophloem platyspermum	–	x	–
Otoba glycycarpa	–	x	–
Otoba parvifolia	x	–	–
Virola sp. 1	x	–	–
Virola sp. 2	–	x	–
Virola flexuosa cf.	x	–	–

LEYENDA/LEGEND

Sitio/Site

Camp 1 = Pisorié Setsa' cco

Camp 2 = Baboroé

Camp 3 = Totoa Nai'qui

PLANTAS VASULARES / VASCULAR PLANTS			
Nombre científico/Scientific Name	Sitio/Site		
	Camp 1	Camp 2	Camp 3
Myrsinaceae (4)			
Ardisia sp.	–	–	x
Geissanthus sp.	x	–	–
Parathesis sp.	–	x	–
Stylogyne cauliflora cf.	x	–	–
Myrtaceae (10)			
Calyptranthes sp. 1	x	–	–
Calyptranthes sp. 2	–	–	x
Calyptranthes sp. 3	–	x	–
Calyptranthes speciosa	–	x	–
Eugenia sp. 1	–	–	x
Eugenia sp. 2	–	–	x
Eugenia sp. 3	x	–	–
Eugenia sp. 4	–	x	–
Eugenia sp. 5	x	–	–
Eugenia sp. 6	–	x	–
Nyctaginaceae (7)			
Guapira sp.	x	–	–
Neea sp. 1	x	–	–
Neea sp. 2	–	x	–
Neea sp. 3	x	–	–
Neea sp. 4	x	–	–
Neea sp. 5	–	–	x
Neea sp. 6	x	–	–
Nymphaeaceae (1)			
Nymphaea sp.	x	–	–
Ochnaceae (2)			
Ouratea iquitosensis cf.	–	–	x
Sauvagesia erecta	x	–	–
Olacaceae (3)			
Heisteria sp.	–	–	x
Heisteria acuminata cf.	x	–	–
Minquartia guianensis	–	x	–
Onagraceae (3)			
Ludwigia sp. 1	x	–	–
Ludwigia sp. 2	x	–	–
Ludwigia sp. 3	–	x	–
Orchidaceae (3)			
Dichaea sp.	x	–	–
Pleurothallis sp.	x	–	–
Vanilla sp.	–	–	x

PLANTAS VASULARES / VASCULAR PLANTS			
Nombre científico/Scientific Name	Sitio/Site		
	Camp 1	Camp 2	Camp 3
Passifloraceae (2)			
Dilkea sp.	x	–	–
Passiflora vitifolia	x	–	–
Phytolaccaceae (2)			
Phytolacca rivinoides	x	–	–
Trichostigma octandrum	–	–	x
Picramniaceae (4)			
Picramnia sp. 1	x	–	–
Picramnia sp. 2	–	x	–
Picramnia magnifolia	–	–	x
Picramnia sellowii	–	x	–
Piperaceae (18)			
Peperomia sp.	x	–	–
Peperomia macrostachya	–	x	–
Peperomia serpens	x	–	–
Piper sp. 1	x	–	–
Piper sp. 2	x	–	–
Piper sp. 3	x	–	–
Piper sp. 4	–	x	–
Piper sp. 5	x	–	–
Piper sp. 6	x	–	–
Piper sp. 7	–	x	–
Piper sp. 8	x	–	–
Piper augustum	x	–	–
Piper costatum cf.	–	x	–
Piper crassinervium	–	x	–
Piper nudilimbum	x	–	–
Piper peltatum	x	–	–
Piper reticulatum	x	–	–
Piper umbellatum	x	–	–
Poaceae (10)			
Guadua sp.	x	–	–
Guadua angustifolium	–	–	x
Gynerium sagittatum	x	–	–
Olyra sp. 1	–	x	–
Olyra sp. 2	x	–	–
Orthoclada laxa	x	–	–
Pariana sp.	–	x	–
Pariana radiciflora	x	–	–
Pharus latifolius	–	x	–
(Desconocido/Unknown) sp.	x	–	–

PLANTAS VASULARES / VASCULAR PLANTS			
Nombre científico/Scientific Name	**Sitio/Site**		
	Camp 1	Camp 2	Camp 3
Polygalaceae (1)			
Moutabea aculeata cf.	–	–	x
Polygonaceae (4)			
Coccoloba sp.	x	–	–
Coccoloba densifrons	x	–	–
Triplaris americana	–	–	x
Triplaris weigeltiana	–	x	–
Pontedariaceae (1)			
Pontedaria sp.	x	–	–
(Pteridophyta) (44)			
Adiantum sp. 1	–	x	–
Adiantum sp. 2	x	–	–
Anthurium sp.	x	–	–
Antrophyum guayanense cf.	–	–	x
Asplenium sp. 1	–	–	x
Asplenium sp. 2	–	–	x
Asplenium serra	–	–	x
Bolbitis sp.	–	x	–
Bolbitis lindigii	x	–	–
Campyloneurum sp.	x	–	–
Cnemidaria sp.	x	–	–
Cyathea lasiosora	–	x	–
Cyclopeltis semicordata	x	–	–
Danaea sp.	–	x	–
Danaea nodosa	x	–	–
Dicranopteris pectinata	x	–	–
Didymochlaena truncatula	x	–	–
Diplazium sp. 1	x	–	–
Diplazium sp. 2	x	–	–
Elaphoglossum raywaensis	x	–	–
Hemidictyum marginatum	–	–	x
Lastreopsis sp.	–	x	–
Lindsaea sp.	–	x	–
Lomariopsis japurensis	x	–	–
Microgramma fuscopunctata	–	–	x
Microgramma percussa cf.	–	x	–
Nephrolepis sp.	–	x	–
Pityrogramma calomelanos	–	x	–
Polybotrya sp.	x	–	–
Polypodium decumanum	x	–	–
Salpichlaena volubilis	–	x	–
Selaginella sp. 1	–	x	–

PLANTAS VASULARES / VASCULAR PLANTS			
Nombre científico/Scientific Name	**Sitio/Site**		
	Camp 1	Camp 2	Camp 3
Selaginella sp. 2	–	–	x
Selaginella sp. 3	–	x	–
Selaginella exaltata	x	–	–
Tectaria draconoptera	x	–	–
Tectaria incisa	x	–	–
Thelypteris sp. 1	–	x	–
Thelypteris sp. 2	x	–	–
Thelypteris macrophylla	–	x	–
Trichomanes diversifrons	x	–	–
Trichomanes punctatum	x	–	–
(Desconocido/Unknown) sp.	–	x	–
Quiinaceae (3)			
Froesia diffusa	–	–	x
Quiina sp.	–	x	–
Quiina paraensis	–	x	–
Rapateaceae (1)			
Rapatea sp.	–	x	–
Rhamnaceae (3)			
Gouania sp.	x	–	–
Rhamnidium elaeocarpum	x	–	–
Zizyphus cinnamomum	–	x	–
Rubiaceae (64)			
Alseis lugonis cf.	–	x	–
Amphidasya sp.	–	x	–
Bertiera guianensis	x	–	–
Borreria sp.	x	–	–
Calycophyllum megistocaulum	–	x	–
Calycophyllum spruceanum	x	–	–
Chomelia barbellata cf.	–	x	–
Condaminea corymbosa	x	–	–
Coussarea sp. 1	–	–	x
Coussarea sp. 2	x	–	–
Duroia hirsuta	x	–	–
Faramea sp. 1	–	–	x
Faramea sp. 2	x	–	–
Faramea anisocalyx	x	–	–
Faramea axillaris	–	–	x
Faramea uniflora	–	x	–
Geophila cordifolia	–	–	x
Geophila macropoda	–	x	–
Gonzalagunia sp.	x	–	–
Guettarda acreana cf.	–	–	x

PLANTAS VASULARES / VASCULAR PLANTS			
Nombre científico/Scientific Name	Sitio/Site		
	Camp 1	Camp 2	Camp 3
Hamelia patens	–	x	–
Hoffmannia sp.	x	–	–
Isertia laevis	x	–	–
Ixora sp.	x	–	–
Ixora killipii cf.	–	–	x
Kutchubaea sp.	x	–	–
Notopleura sp. 1	–	–	x
Notopleura sp. 2	x	–	–
Notopleura sp. 3	x	–	–
Notopleura sp. 4	x	–	–
Notopleura sp. 5	–	–	x
Notopleura ferreyrae	x	–	–
Notopleura polyphlebia	–	x	–
Palicourea sp. 1	–	x	–
Palicourea sp. 2	–	x	–
Palicourea sp. 3	–	x	–
Palicourea sp. 4	–	–	x
Palicourea lasiantha	–	–	x
Palicourea subspicata	x	–	–
Pentagonia sp.	x	–	–
Pentagonia parvifolia	–	x	–
Pentagonia williamsii cf.	–	x	–
Posoqueria latifolia	–	–	x
Psychotria sp. 1	–	x	–
Psychotria sp. 2	x	–	–
Psychotria sp. 3	x	–	–
Psychotria caerulea	–	x	–
Psychotria lupulina	–	–	x
Psychotria officinalis	–	x	–
Psychotria racemosa	–	x	–
Psychotria stenostachya	x	–	–
Psychotria zevallosiana	–	–	x
Randia armata s.l.	–	x	–
Raritebe palicoureoides	–	x	–
Rudgea sp. 1	–	x	–
Rudgea sp. 2	–	x	–
Rudgea sp. 3	–	x	–
Rudgea sp. 4	–	–	x
Rudgea sp. 5	x	–	–
Sabicea villosa cf.	–	–	x
Uncaria guianensis	–	x	–
Uncaria tomentosa	–	x	–

PLANTAS VASULARES / VASCULAR PLANTS			
Nombre científico/Scientific Name	**Sitio/Site**		
	Camp 1	Camp 2	Camp 3
Warszewiczia coccinea	x	–	–
(Desconocido/Unknown) sp.	–	x	–
Rutaceae (2)			
Angostura sp.	–	x	–
Zanthoxylum sp.	–	x	–
Sabiaceae (1)			
Ophiocaryon sp.	x	–	–
Sapindaceae (17)			
Allophylus sp.	–	–	x
Allophylus pilosus	x	–	–
Cupania sp.	–	x	–
Matayba sp.	–	x	–
Paullinia sp. 1	–	x	–
Paullinia sp. 2	–	x	–
Paullinia sp. 3	x	–	–
Paullinia sp. 4	–	–	x
Paullinia sp. 5	–	–	x
Paullinia sp. 6	–	–	x
Paullinia sp. 7	–	–	x
Paullinia bracteosa	x	–	–
Paullinia serjaniifolia	x	–	–
Paullinia yoco	–	–	x
Serjania sp. 1	–	x	–
Serjania sp. 2	x	–	–
Talisia sp.	x	–	–
Sapotaceae (5)			
Micropholis sp.	x	–	–
Pouteria sp. 1	x	–	–
Pouteria sp. 2	x	–	–
Pouteria sp. 3	–	–	x
Pouteria torta cf.	x	–	–
Scrophulariaceae (1)			
Lindernia crustacea	x	–	–
Simaroubaceae (2)			
Simaba sp.	–	x	–
Simarouba amara	x	–	–
Smilacaceae (2)			
Smilax sp. 1	x	–	–
Smilax sp. 2	–	–	x
Solanaceae (20)			
Brunfelsia sp.	–	x	–

LEYENDA/LEGEND

Sitio/Site

Camp 1 = Pisorié Setsa' cco

Camp 2 = Baboroé

Camp 3 = Totoa Nai'qui

PLANTAS VASULARES / VASCULAR PLANTS			
Nombre científico/Scientific Name	**Sitio/Site**		
	Camp 1	Camp 2	Camp 3
Capsicum sp.	x	–	–
Cestrum sp.	–	x	–
Cestrum racemosum cf.	–	x	–
Cuatresia sp.	–	x	–
Cyphomandra sp.	x	–	–
Lycianthes sp. 1	–	x	–
Lycianthes sp. 2	x	–	–
Markea sp.	–	x	–
Physalis angulata cf.	–	x	–
Solanum sp. 1	–	–	x
Solanum sp. 2	x	–	–
Solanum sp. 3	x	–	–
Solanum sp. 4	–	–	x
Solanum sp. 5	–	x	–
Solanum affine	x	–	–
Solanum barbeyanum	x	–	–
Solanum lepidotum s.l.	–	x	–
Solanum pedemontanum	–	–	x
Solanum sessile	x	–	–
Sterculiaceae (8)			
Guazuma ulmifolia	–	–	x
Herrania nitida cf.	x	–	–
Sterculia sp.	–	x	–
Sterculia apeibophylla	x	–	–
Sterculia apetala	–	–	x
Sterculia colombiana	x	–	–
Theobroma cacao	x	–	–
Theobroma subincana	–	x	–
Theophrastaceae (4)			
Clavija sp. 1	x	–	–
Clavija sp. 2	–	–	x
Clavija sp. 3	x	–	–
Clavija sp. 4	x	–	–
Tiliaceae (2)			
Apeiba membranacea	x	–	–
Heliocarpus americanus	x	–	–
Ulmaceae (4)			
Ampelocera edentula	x	–	–
Celtis iguanea	x	–	–
Celtis schippii	x	–	–
Trema micrantha s.l.	x	–	–
Urticaceae (8)			

PLANTAS VASULARES / VASCULAR PLANTS

Nombre científico/Scientific Name	Sitio/Site		
	Camp 1	Camp 2	Camp 3
Boehmeria? sp.	x	–	–
Laportea aestuans	–	x	–
Pilea sp. 1	x	–	–
Pilea sp. 2	x	–	–
Urera baccifera	x	–	–
Urera caracasana	x	–	–
Urera eggersii	–	–	x
Urera laciniata	x	–	–
Verbenaceae (4)			
Aegiphila sp. 1	x	–	–
Aegiphila sp. 2	x	–	–
Citharexylum poeppigii	x	–	–
Stachytarpheta cayennensis	x	–	–
Violaceae (9)			
Gloeospermum sp. 1	x	–	–
Gloeospermum sp. 2	–	–	x
Gloeospermum sp. 3	x	–	–
Leonia sp.	–	x	–
Leonia crassa	x	–	–
Leonia cymosa	–	x	–
Leonia racemosa	x	–	–
Rinorea lindeniana	–	x	–
Rinorea viridifolia	x	–	–
Vitaceae (2)			
Cissus erosa	x	–	–
Cissus verticillata	x	–	–
Zingiberaceae (5)			
Renealmia sp. 1	x	–	–
Renealmia sp. 2	–	x	–
Renealmia breviscapa	x	–	–
Renealmia cernua	x	–	–
Renealmia thyrsoidea	x	–	–
(Desconocido/Unknown) (1)			
(Desconocido/Unknown) sp.	–	x	–
Número de especies por sitio/ Number of species per site	**422**	**239**	**140**

LEYENDA/LEGEND

Sitio/Site
Camp 1 = Pisorié Setsa' cco
Camp 2 = Baboroé
Camp 3 = Totoa Nai'qui

**Invertebrados Acuáticos/
Aquatic Invertebrates**

Macroinvertebrados registrados en tres sitios del Territorio Cofán Dureno, Ecuador, del 23 mayo al 1 de junio de 2007 por Carlos Carrera Reyes, Mary Grefa Mendúa y José Chapal Mendua.

MACROINVERTEBRADOS / MACROINVERTEBRATES	
Nombre científico/Scientific Name	**Estatus/Status**
ARACHNOIDEA (2)	
ACARI (2)	
(desconocido/unknown) (2)	
(desconocido/unknown) sp. 1	P
(desconocido/unknown) sp. 2	P
BIVALVIA (1)	
UNIONOIDA (1)	
(desconocido/unknown) (1)	
(desconocido/unknown) sp.	P
CRUSTACEA (2)	
DECAPODA (2)	
Palaemonidae (1)	
Pseudopalaemon amazonensis cf.	P
Trichodactylidae (1)	
(desconocido/unknown) sp.	P
GASTROPODA (1)	
MESOGASTROPODA (1)	
Ampullariidae (1)	
Pomacea sp.	P
HIRUDINEA (1)	
GLOSSIPHONIPHORMES (2)	
Glossiphoniidae (1)	
(desconocido/unknown) sp.	P
(desconocido/unknown) (1)	
(desconocido/unknown) sp.	P
INSECTA (68)	
COLEOPTERA (19)	
Carabidae (1)	
(desconocido/unknown) sp.	E
Curculionidae (1)	
(desconocido/unknown) sp.	E
Dytiscidae (1)	
(desconocido/unknown) sp.	E
Elmidae (4)	
(desconocido/unknown) sp. 1	P
(desconocido/unknown) sp. 2	P
(desconocido/unknown) sp. 3	P
(desconocido/unknown) sp. 4	P
Hydrochidae (1)	
(desconocido/unknown) sp.	E
Hydrophilidae (1)	
(desconocido/unknown) sp.	E

Macroinvertebrates recorded at three sites in the Dureno Territory, Ecuador, from 23 May to 1 June 2007 by Carlos Carrera Reyes, Mary Grefa Mendúa, and José Chapal Mendua.

MACROINVERTEBRADOS / MACROINVERTEBRATES

Nombre científico/Scientific Name	Estatus/Status
Hygrobiidae (1)	
(desconocido/unknown) sp.	E
Lutrochidae (1)	
(desconocido/unknown) sp.	P
Noteridae (1)	
(desconocido/unknown) sp.	E
Psephenidae (1)	
(desconocido/unknown) sp.	P
Ptilodactylidae (1)	
Anchytarsus sp.	P
Scirtidae (1)	
(desconocido/unknown) sp.	E
(desconocido/unknown) (4)	
(desconocido/unknown) sp. 1	P
(desconocido/unknown) sp. 2	P
(desconocido/unknown) sp. 3	P
(desconocido/unknown) sp. 4	P
DIPTERA (9)	
Ceratopogonidae (1)	
(desconocido/unknown) sp.	E
Chironomidae (1)	
(desconocido/unknown) sp.	P
Culicidae (1)	
Culex sp.	P
Dixidae (1)	
(desconocido/unknown) sp.	E
Simuliidae (1)	
Simulium sp.	P
Stratiomyidae (1)	
(desconocido/unknown) sp.	E
Tabanidae (1)	
(desconocido/unknown) sp.	E
Tipulidae (2)	
Hexatoma sp.	P
Tipula sp.	P
EPHEMEROPTERA (6)	
Baetidae (1)	
Baetis sp.	P
Caenidae (1)	
(desconocido/unknown) sp.	E
Ephemeridae (1)	
Hexagenia sp.	P

MACROINVERTEBRADOS / MACROINVERTEBRATES	
Nombre científico/Scientific Name	**Estatus/Status**
Leptophlebiidae (2)	
Terpides sp.	P
Thraulodes sp.	P
Polymitarcyidae (1)	
Campsurus sp.	P
HEMIPTERA (9)	
Belostomatidae (3)	
Belostoma sp. 1	P
Belostoma sp. 2	P
(desconocido/unknown) sp.	P
Gerridae (4)	
Eurygerris sp.	P
(desconocido/unknown) sp. 1	P
(desconocido/unknown) sp. 2	P
(desconocido/unknown) sp. 3	P
Notonectidae (1)	
Buenoa sp.	P
Veliidae (1)	
(desconocido/unknown) sp.	P
LEPIDOPTERA (1)	
Pyralidae (1)	
(desconocido/unknown) sp.	P
NEUROPTERA (2)	
Corydalidae (2)	
Chloronia sp.	P
Corydalus sp.	P
ODONATA (12)	
Aeshnidae (1)	
(desconocido/unknown) sp.	P
Calopterygidae (1)	
Hetaerina sp.	P
Coenagrionidae (3)	
(desconocido/unknown) sp. 1	P
(desconocido/unknown) sp. 2	P
(desconocido/unknown) sp. 3	P
Gomphidae (3)	
Phyllogomphoides sp.	P
(desconocido/unknown) sp. 1	P
(desconocido/unknown) sp. 2	P
Libellulidae (2)	
(desconocido/unknown) sp. 1	P
(desconocido/unknown) sp. 2	P

MACROINVERTEBRADOS / MACROINVERTEBRATES	
Nombre científico/Scientific Name	**Estatus/Status**
Megapodagrionidae (1)	
Megapodagrion sp.	P
Polythoridae (1)	
Polythore sp.	P
PLECOPTERA (1)	
Perlidae (1)	
Anacroneuria sp.	P
TRICHOPTERA (9)	
Calamoceratidae (1)	
Phylloicus sp.	P
Glossosomatidae (1)	
(desconocido/unknown) sp.	E
Helicopsichidae (1)	
Helichopsyche sp.	P
Hydropsychidae (1)	
(desconocido/unknown) sp.	P
(desconocido/unknown) sp.	P
Leptoceridae (1)	
Atanatolica sp.	P
Odontoceridae (1)	
(desconocido/unknown) sp.	P
Philopotamidae (1)	
(desconocido/unknown) sp.	E
Polycentropodidae (1)	
Polypectropus sp.	P
NEMATOMORPHA (1)	
GORDIOIDEA (1)	
Gordiidae (1)	
(desconocido/unknown) sp.	P
OLIGOCHAETA (1)	
HAPLOTAXIDA (1)	
(desconocido/unknown) (1)	
(desconocido/unknown) sp.	P
Número Presente/Number Present	**63**
Número Esperado/Number Expected	**15**

Peces/Fishes

Peces registrados en tres sitios del Territorio Cofán Dureno, Ecuador, del 23 mayo al 1 de junio de 2007 por Juan Francisco Rivadeneira R., Edgar René Ruiz Peñafiel y John H. Criollo Chapal.

PECES/FISHES				
Nombre científico/Scientific Name	**Registrado en el río/ Recorded in river**		**Esperada/ Expected**	**Estatus/ Status**
	AGU	PIS		
BELONIFORMES (1)				
Belonidae (1)				
Pseudotylosurus angusticeps	x	x	–	–
CHARACIFORMES (36)				
Acestrorhynchidae (1)				
Acestrorhynchus lacustris	x	x	–	–
Anostomidae (3)				
Abramites hypselonotus	–	x	–	–
Leporinus jatuncochi	–	–	x	–
Leporinus pearsoni	–	–	x	–
Characidae (21)				
Acestrocephalus boehlkei	x	x	–	–
Aphyocharax alburnus	–	x	–	–
Brachychalcinus copei	–	x	–	–
Brycon cf. *melanopterus*	x	x	–	–
Charax tectifer	x	x	–	–
Creagrutus muelleri	x	x	–	End
Chrysobrycon hesperus	x	–	–	–
Cynopotamus anomalus	x	–	–	–
Gymnocorymbus thayeri	–	x	–	–
Hemigrammus sp.	–	x	–	–
Iguanodectes spilurus	x	x	–	–
Knodus delta	x	–	–	End
Moenkhausia comma	x	x	–	–
Moenkhausia aff. *santafilomenae*	–	x	–	–
Mylossoma duriventre	–	–	x	–
Poptella cf. *compressa*	–	x	–	–
Prionobrama filigera	–	x	–	–
Pygocentrus nattereri	–	–	x	–
Serrasalmus rhombeus	x	–	–	–
Tetragonopterus argenteus	–	x	–	–
Triportheus albus	–	–	x	–
Crenuchidae (1)				
Characidium boehlkei	–	x	–	End
Curimatidae (1)				
Cyphocharax laticlavius	–	x	–	End
Cynodontidae (1)				
Cynodon gibbus	–	–	x	–
Erythrinidae (2)				
Hoplerythrinus unitaeniatus	–	x	–	–
Hoplias malabaricus	–	x	–	–

Fishes recorded at three sites in the Dureno Territory, Ecuador, from 23 May to 1 June 2007 by Juan Francisco Rivadeneira R., Edgar René Ruiz Peñafiel, and John H. Criollo Chapal.

PECES/FISHES				
Nombre científico/Scientific Name	Registrado en el río/ Recorded in river		Esperada/ Expected	Estatus/ Status
	AGU	PIS		
Gasteropelecidae (2)				
Gasteropelecus sternicla	x	–	–	Orn
Thoracocharax stellatus	x	–	–	–
Lebiasinidae (2)				
Piabucina elongata	–	x	–	–
Pyrrhulina brevis	–	x	–	Orn
Parodontidae (1)				
Parodon buckleyi	–	–	x	–
Prochilodontidae (1)				
Prochilodus nigricans	x	x	–	–
CYPRIDONTIFORMES (1)				
Rivulidae (1)				
Rivulus limoncochae	–	x	–	End
GYMNOTIFORMES (6)				
Apteronotidae (1)				
Sternacorhynchus curvirostris	x	–	–	Orn
Gymnotidae (3)				
Electrophorus electricus	–	x	–	Orn
Gymotus cf. anguillaris	–	x	–	Orn
Gymnotus carapo	–	x	–	Orn
Hypopomidae (1)				
Brachyhypopomus cf. brevirostris	–	x	–	Orn
Sternopygidae (1)				
Eigenmannia virescens	x	–	–	Orn
MYLIOBATIFORMES (2)				
Potamotrygonidae (2)				
Paratrygon aiereba	–	–	x	–
Plesiotrygon iwamae	–	–	x	–
PERCIFORMES (8)				
Cichlidae (7)				
Aequidens tetramerus	–	x	–	Orn
Apistogramma cruzi	–	–	x	–
Apistogramma payaminonis	–	x	–	End
Bujurquina mariae	–	x	–	Orn
Caquetaia myersi	x	x	–	–
Crenicichla cincta	–	x	–	Orn
Crenicichla saxatilis	x	x	–	Orn
Sciaenidae (1)				
Pachyurus stewarti	–	–	x	–

LEYENDA/LEGEND

Registrado en el río/Recorded in river

AGU = Río Aguarico/Aguarico River

PIS = Río Pisorié (Pisurí)/ Pisorié (Pisurí) River

Esperado/Expected

x = Esperado en el Territorio Dureno pero no registrado por nosotros/ Expected in the Dureno Territory but not registered by us

Estatus/Status

End = Endémico/Endemic to Ecuador

Nov = Especie nuevo/New species

Orn = Especie ornamental/ Ornamental species

PECES/FISHES				
Nombre científico/Scientific Name	Registrado en el río/ Recorded in river		Esperada/ Expected	Estatus/ Status
	AGU	PIS		
SILURIFORMES (25)				
Aspredinidae (1)				
Hoplomyzon papillatus	–	–	x	–
Auchenipteridae (1)				
Tatia perugiae	x	x	–	Orn
Callichthyidae (2)				
Corydoras napoensis	–	–	x	–
Corydoras sp.	–	x	–	–
Cetopsidae (1)				
Pseudocetopsis plumbea	x	–	–	End
Doradidae (1)				
Oxydoras niger	–	–	x	–
Heptapteridae (1)				
Cetopsorhamdia cf. *orinoco*	x	–	–	Nov
Gladioglanis conquistador	–	–	x	–
Heptapterus sp.	–	x	–	Nov
Rhamdia quelen	–	–	x	–
Loricariidae (5)				
Ancistrus temminckii	–	x	–	–
Cordylancistrus platycephalus	x	–	–	End
Farlowella knerii	x	–	–	End, Orn
Loricaria simillima	x	–	–	–
Pterygoplichthys multiradiatus	–	x	–	–
Pimelodidae (6)				
Calophysus macropterus	–	–	x	–
Pimelodus blochii	x	–	–	–
Pimelodus ornatus	–	–	x	–
Pseudoplatystoma fasciatum	–	–	x	–
Pseudoplatystoma tigrinum	–	–	x	–
Zungaro zungaro	–	–	x	–
Pseudopimelodidae (1)				
Microglanis pellopterygius	–	–	x	–
Trichomycteridae (3)				
Ochmacanthus reinhardii	x	–	–	–
Pseudostegophilus numurus	x	–	–	–
Vandellia cf. *cirrhosa*	x	–	–	–
SYNBRANCHIFORMES (1)				
Synbranchydae (1)				
Symbranchus marmoratus	–	–	x	–
Número de especies por río/ Number of species per river	**29**	**40**		

LEYENDA/LEGEND

Registrado en el río/Recorded in river

AGU = Río Aguarico/Aguarico River

PIS = Río Pisorié (Pisurí)/
Pisorié (Pisurí) River

Esperado/Expected

x = Esperado en el Territorio Dureno
pero no registrado por nosotros/
Expected in the Dureno Territory
but not registered by us

Estatus/Status

End = Endémico/Endemic to Ecuador

Nov = Especie nuevo/New species

Orn = Especie ornamental/
Ornamental species

Apéndice/Appendix 5

Anfibios y reptiles/
Amphibians and reptiles

Anfibios y reptiles registrados en tres sitios del Territorio Cofan Dureno, Ecuador, del 23 mayo al 1 de junio de 2007 por Mario Yánez-Muñoz y Ángel Chimbo.

ANFIBIOS Y REPTILES / AMPHIBIANS AND REPTILES

Nombre científico/Scientific Name	Sitio, Site	Registro/ Record	Tipos de hábitat/ Habitat types	Tipos de vegetación/ Vegetation types	Microhábitat/ Microhabitat	
AMPHIBIA (101)						
ANURA (101)						
Aromobatidae (3)						
001 *Allobates femoralis*	1, 2, 3	aud, col	CI	ZI	Catt	
002 *Allobates insperatus*	1, 2, 3	aud, col	CI	BC/ZI	Catt, Capt	
003 *Allobates zaparo*	1	aud, obs	CI	ZI	Catt	
Brachycephalidae (18)						
004 *Eleutherodactylus acuminatus*	3	obs	CI	ZI/VR	Capa	
005 *Eleutherodactylus altomazonicus*	3	aud	CI	BC	Arbs	
006 *Eleutherodactylus conspicilliatus*	1, 3	aud, col	CI	BC	Arbs	
007 *Eleutherodactylus croceoinguinis*	–	esp	–	–	–	
008 *Eleutherodactylus diadematus*	1, 3	col	CI	BC/GU	Arbs	
009 *Eleutherodactylus lacrimosus*	–	esp	–	–	–	
010 *Eleutherodactylus lanthanites*	1, 2, 3	col	CI	BC	Arbs	
011 *Eleutherodactylus malkini*	3	col	CI	VR	Capa	
012 *Eleutherodactylus martieae*	–	esp	–	–	–	
013 *Eleutherodactylus nigrovittatus*	–	esp	–	–	–	
014 *Eleutherodactylus ockendeni*	3	aud	Cz	BC	Arbs	
015 *Eleutherodactylus orphnolaminius*	–	esp	–	–	–	
016 *Eleutherodactylus paululus*	–	esp	–	–	–	
017 *Eleutherodactylus pseudoacuminatus*	–	esp	–	–	–	
018 *Eleutherodactylus quaquaversus*	–	esp	–	–	–	
019 *Eleutherodactylus sulcatus*	–	esp	–	–	–	
020 *Eleutherodactylus variabilis*	–	esp	–	–	–	
021 *Eleutherodactylus* sp. A	3	col	CI	BC	Arbo	
Bufonidae (5)						
022 *Chaunus marinus*	1	col	Cz	BC	Catt	
023 *Dendrophryniscus minutus*	1, 3	col	CI	ZI	Catt	
024 *Rhaebo guttatus*	–	esp	–	–	–	
025 *Rhinella ceratophrys*	2	col	CI	ZI	Catt	
026 *Rhinella margaritifera*	1, 2, 3	col	Pi	BC/ZI	Catt, Terr	
Centrolenidae (5)						
027 *Cochranella ametarsia*	–	esp	–	–	–	
028 *Cochranella midas*	1, 3	col	CI	VR	Capa	
029 *Cochranella resplendens*	–	esp	–	–	–	
030 *Hyalinobatrachium munozorum*	–	esp	–	–	–	
031 *Hyalinobatrachium* sp.	3	col	CI	VR	Capa	
Dendrobatidae (5)						
032 *Ameerega bilinguis*	1, 2, 3	col	CI	BC/ZI	Catt, Capl	
033 *Ameerega hahneli*	–	esp	–	–	–	
034 *Hyloxalus bocagei* complex	1	aud	CI	VR	Catt, Capt	

Amphibian and reptile species recorded at three sites in the the Dureno Territory, Ecuador, from 23 May to 1 June 2007 by Mario Yánez-Muñoz, and Ángel Chimbo.

	Actividad/ Activity	Abundancia/ Abundance	Distribución/ Distribution	Estatus mundial UICN/IUCN global status
01	D	alt	Am	LC
02	D	alt	Ec	LC
03	D	med	Ec, Pe	LC
04	N	baj	Am	LC
05	N	baj	Am	LC
06	D, N	med	Am	LC
07	–	–	Co, Ec, Pe	LC
08	N	baj	Br, Ec, Pe	LC
09	–	–	Am	LC
10	D, N	med	Am	LC
11	N	med	Am	LC
12	–	–	Am	LC
13	–	–	Co, Ec, Pe	LC
14	N	baj	Am	LC
15	–	–	Ec	DD
16	–	–	Ec	LC
17	–	–	Co, Ec	LC
18	–	–	Co, Ec, Pe	LC
19	–	–	Am	LC
20	–	–	Am	LC
21	N	baj	?	NE
22	N	baj	Am	LC
23	D	med	Am	LC
24	–	–	Am	LC
25	D	baj	Am	LC
26	D, N	alt	Am	LC
27	–	–	Co, Ec	LC
28	N	med	Br, Ec, Pe	LC
29	–	–	Co, Ec	VU
30	–	–	Ec, Pe	LC
31	N	baj	?	NE
32	D	alt	Co, Ec	LC
33	–	–	Am	LC
35	D	med	Ec?	NE

Sitio/Site

Camp 1 = Pisorié Setsa'cco
Camp 2 = Baboroé
Camp 3 = Totoa Nai'qui

Registro/Record

aud = Registro auditivo/Heard
col = Colectado/Collected
ent = Entrevista/Interview
esp = Esperado pero no registrado/Expected but not recorded
obs = Observación visual/Seen

Tipos de hábitat/Habitat types

Cz = Colonizadora/Open
Pi = Pioneras/Young
Cl = Climax/Older, "climax"

**Tipos de vegetación/
Vegetation types**

BC = Bosque colinado/ Hill forest
GU = Guadual/Bamboo thicket
ZI = Zonas inundables/ Flooded areas
VR = Vegetación riparia/ Riparian vegetation

Microhábitat/Microhabitat

Acua = Acuatica/In water
Arbo = Arborícola/In trees
Arbs = Arbustiba/In shrubs
Capa = Cuerpos de agua permanentes arborícola/ Permanent water in trees
Capt = Cuerpos de agua permanentes terrestre/ Permanent water at ground level
Cata = Cuerpos de agua temporales arborícola/Ephemeral water in trees
Catt = Cuerpos de agua temporales terrestre/Ephemeral water at ground level
Sfos = Semifosorial/Semifossorial
Terr = Terrestre/Terrestrial

Actividad/Activity

D = Diurno
N = Nocturno

Abundancia/Abundance

alt = Alta/High
med = Media/Medium
baj = Baja/Low

Distribución/Distribution

Am = Amplia en la cuenca amazónica/Broad, in Amazon basin
Br = Brasil/Brazil
Co = Colombia
Ec = Ecuador
Pe = Perú/Peru
? = Desconocido/Unknown

UICN/IUCN (IUCN 2004)

LC = Baja preocupación/ Low risk
DD = Datos deficientes/ Deficient data
NE = No evaluado/Not evaluated
VU = Vulnerable/Vulnerable

* Especies reportados por Duellman (1978) para Dureno/Species reported from Dureno by Duellman (1978)

ANFIBIOS Y REPTILES / AMPHIBIANS AND REPTILES					
Nombre científico/Scientific Name	Sitio, Site	Registro/ Record	Tipos de hábitat/ Habitat types	Tipos de vegetación/ Vegetation types	Microhábitat/ Microhabitat
035 *Hyloxalus sauli*	3	col	CI	ZI	Catt, Capt
036 *Ranitomeya ventrimaculata*	1, 3	col	CI	BC	Catt, Capt
Hemiphractidae (1)					
037 *Hemiphractus proboscideus*	–	esp	–	–	–
Hylidae (37)					
038 *Dendropsophus bifurcus*	1	col	Pi	ZI	Cata, Capa
039 *Dendropsophus brevifrons*	1	col	Pi	ZI	Cata, Capa
040 *Dendropsophus bokermanni*	–	esp	–	–	–
041 *Dendropsophus leucophyllatus*	–	esp	–	–	–
042 *Dendropsophus marmoratus*	1	aud	Pi	ZI	Cata, Capa
043 *Dendropsophus minutus*	–	esp	–	–	–
047 *Dendropsophus parviceps*	–	esp	–	–	–
044 *Dendropsophus riveroi*	–	esp	–	–	–
045 *Dendropsophus rhodopeplus*	–	esp	–	–	–
046 *Dendropsophus rossalleni*	–	esp	–	–	–
048 *Dendropsophus sarayacuensis*	1, 3	col	Pi	ZI	Cata, Capa
049 *Dendropsophus triangulum*	–	esp	–	–	–
050 *Hypsiboas alboguttatus*	–	esp	–	–	–
051 *Hypsiboas boans*	1, 2	aud	CI	BC	Arbo, Capa
052 *Hypsiboas calcaratus*	1, 2	col	Pi	ZI	Cata, Capa
053 *Hypsiboas fasciatus**	1	col	Pi	ZI	Cata, Capa
054 *Hypsiboas geographicus**	2	col	Pi	ZI/VR	Cata, Capa
055 *Hypsiboas granosa**	1, 2, 3	col	Pi	ZI	Cata, Capa
056 *Hypsiboas lanciformis*	1, 2, 3	aud	Pi	ZI	Cata, Capa
057 *Hypsiboas punctatus*	3	col	Pi	ZI	Cata, Capa
058 *Nyctimantis rugiceps*	2, 3	aud	CI	BC/GU	Arbo
065 *Osteocephalus cabrerai*	1, 3	col	CI	ZI/VR	Capa
066 *Osteocephalus mutabor*	–	esp	–	–	–
067 *Osteocephalus planiceps*	1, 2, 3	aud, col	CI	BC	Arbo
068 *Osteocephalus taurinus*	2, 3	col	CI	BC	Arbo
059 *Phyllomedusa palliata*	–	esp	–	–	–
060 *Phyllomedusa tarsius**	1	col	CI	ZI/VR	Arbo, Capa
061 *Phyllomedusa tomopterna*	1	col	CI	ZI/VR	Arbo, Capa
062 *Phyllomedusa vaillantii**	–	esp	–	–	–
063 *Trachycephalus resinifictrix*	1, 2, 3	aud	CI	BC	Arbo
064 *Trachycephalus venulosus*	–	esp	–	–	–
069 *Scinax cruentoma*	–	esp	–	–	–
070 *Scinax funera*	–	esp	–	–	–
071 *Scinax garbei*	–	esp	–	–	–
072 *Scinax rubra*	–	esp	–	–	–
073 *Sphaenorhynchus carceus*	–	esp	–	–	–
074 *Sphaenorhynchus lacteus*	–	esp	–	–	–

	Actividad/ Activity	Abundancia/ Abundance	Distribución/ Distribution	Estatus mundial UICN/IUCN global status
234	D	baj	Co, Ec	LC
236	D	baj	Am	LC
237	–	–	Co, Ec, Pe	LC
238	N	med	Am	LC
239	N	med	Am	LC
240	–	–	Am	LC
241	–	–	Am	LC
242	N	med	Am	LC
243	–	–	Am	LC
247	–	–	Am	LC
244	–	–	Am	LC
245	–	–	Am	LC
246	–	–	Am	LC
248	N	med	Am	LC
249	–	–	Am	LC
250	–	–	Ec	DD
251	N	med	Am	LC
252	N	med	Am	LC
253	N	med	Am	LC
254	N	med	Am	LC
255	N	alt	Am	LC
256	N	alt	Am	LC
257	N	baj	Am	LC
258	N	med	Ec, Pe	LC
265	N	baj	Am	LC
266	–	–	Ec, Pe	LC
267	N	alt	Co, Ec, Pe	LC
268	N	med	Am	LC
259	–	–	Am	LC
260	N	baj	Am	LC
261	N	baj	Am	LC
262	–	–	Am	LC
263	N	med	Am	LC
264	–	–	Am	LC
269	–	–	Am	LC
270	–	–	Br, Ec, Pe	LC
271	–	–	Am	LC
272	–	–	Am	LC
273	–	–	Am	LC
274	–	–	Am	LC

Sitio/Site

Camp 1 = Pisorié Setsa'cco

Camp 2 = Baboroé

Camp 3 = Totoa Nai'qui

Registro/Record

aud = Registro auditivo/Heard

col = Colectado/Collected

ent = Entrevista/Intreview

esp = Esperado pero no
registrado/Expected but
not recorded

obs = Observación visual/Seen

Tipos de hábitat/Habitat types

Cz = Colonizadora/Open

Pi = Pioneras/Young

Cl = Climax/Older, "climax"

**Tipos de vegetación/
Vegetation types**

BC = Bosque colinado/
Hill forest

GU = Guadual/Bamboo thicket

ZI = Zonas inundables/
Flooded areas

VR = Vegetación riparia/
Riparian vegetation

Microhábitat/Microhabitat

Acua = Acuatica/In water

Arbo = Arborícola/In trees

Arbs = Arbustiba/In shrubs

Capa = Cuerpos de agua
permanentes arborícola/
Permanent water in trees

Capt = Cuerpos de agua
permanentes terrestre/
Permanent water at
ground level

Cata = Cuerpos de agua temporales
arborícola/Ephemeral water
in trees

Catt = Cuerpos de agua temporales
terrestre/Ephemeral water
at ground level

Sfos = Semifosorial/Semifossorial

Terr = Terrestre/Terrestrial

Actividad/Activity

D = Diurno

N = Nocturno

Abundancia/Abundance

alt = Alta/High

med = Media/Medium

baj = Baja/Low

Distribución/Distribution

Am = Amplia en la cuenca
amazónica/Broad, in
Amazon basin

Br = Brasil/Brazil

Co = Colombia

Ec = Ecuador

Pe = Perú/Peru

? = Desconocido/Unknown

UICN/IUCN (IUCN 2004)

LC = Baja preocupación/
Low risk

DD = Datos deficientes/
Deficient data

NE = No evaluado/Not evaluated

VU = Vulnerable/Vulnerable

* Especies reportados por Duellman
(1978) para Dureno/Species
reported from Dureno by Duellman
(1978)

ANFIBIOS Y REPTILES / AMPHIBIANS AND REPTILES						
Nombre científico/Scientific Name	Sitio, Site	Registro/ Record	Tipos de hábitat/ Habitat types	Tipos de vegetación/ Vegetation types	Microhábitat/ Microhabitat	
Leptodactylidae (12)						
075 Ceratophrys cornuta	–	esp	–	–	–	
076 Edalorhina perezi	–	esp	–	–	–	
077 Engystomops petersi	2, 3	aud, col	Pi	ZI	Terr, Catt	
078 Leptodactylus andreae	1, 3	aud, col	Pi	BC/ZI	Terr, Catt	
079 Leptodactylus discodactylus	1, 3	aud, col	Pi	BC/ZI	Terr, Catt	
080 Leptodactylus lineatus	–	esp	–	–	–	
081 Leptodactylus mystaceus	2, 3	aud	Cz	ZI	Catt	
082 Leptodactylus pentadactylus	2, 3	aud, col	Cl	BC	Terr	
083 Leptodactylus rhodomystax	–	esp	–	–	–	
084 Leptodactylus stenodema	–	esp	–	–	–	
085 Leptodactylus wagneri	2, 3	col	Cz	ZI	Catt	
086 Oreobates quixensis	1, 3	aud, col	Pi	BC	Terr	
Microhylidae (6)						
087 Chiasmocleis anatipes	–	esp	–	–	–	
088 Chiasmocleis bassleri	–	esp	–	–	–	
089 Chiasmocleis ventrimaculata	–	esp	–	–	–	
090 Ctenophryne geayi	–	esp	–	–	–	
091 Hamptophryne boliviana	1	col	Cl	BC	Sfos	
092 Syncope antenori	–	esp	–	–	–	
Pipidae (1)						
093 Pipa pipa	2	col	Cl	ZI	Acua	
Ranidae (1)						
094 Rana palmipes	–	esp	–	–	–	
Plethodontidae (2)						
095 Bolitoglossa equatoriana	–	esp	–	–	–	
096 Bolitoglossa peruviana	–	esp	–	–	–	
Caeciliidae (5)						
097 Caecilia disossea	–	esp	–	–	–	
098 Caecilia tentaculata	–	esp	–	–	–	
099 Microcaecilia albiceps	–	esp	–	–	–	
100 Oscaecilia bassleri	–	esp	–	–	–	
101 Siphonops annulatus	–	esp	–	–	–	
REPTILIA (93)						
SQUAMATA-AMPHISBAENIA (2)						
Amphisbaenidae (2)						
102 Amphisbaenia alba	–	esp	–	–	–	
103 Amphisbaenia fuliginosa	–	esp	–	–	–	
SQUAMATA-SAURIA (32)						
Gekkonidae (5)						
104 Gonatodes concinnatus	2	col	Pi	BC/GU	Arbo	

	Actividad/ Activity	Abundancia/ Abundance	Distribución/ Distribution	Estatus mundial UICN/IUCN global status
075	–	–	Am	LC
076	–	–	Am	LC
077	D, N	med	Am	LC
078	D, N	med	Am	LC
079	D, N	med	Am	LC
080	–	–	Am	LC
081	N	med	Am	LC
082	N	med	Am	LC
083	–	–	Am	LC
084	–	–	Am	LC
085	N	med	Am	LC
086	N	med	Am	LC
087	–	–	Ec, Pe	LC
088	–	–	Am	LC
089	–	–	Am	LC
090	–	–	Am	LC
091	N	baj	Am	LC
092	–	–	Ec, Pe	LC
093	D	baj	Am	LC
094	–	–	Am	LC
095	–	–	Co, Ec	LC
096	–	–	Ec, Pe	LC
097	–	–	Ec, Pe	LC
098	–	–	Am	LC
099	–	–	Co, Ec	LC
00	–	–	Ec, Pe	LC
01	–	–	Am	LC
02	–	–	Am	NE
03	–	–	Am	NE
04	D	med	Am	NE

Sitio/Site

Camp 1 = Pisorié Setsa'cco
Camp 2 = Baboroé
Camp 3 = Totoa Nai'qui

Registro/Record

aud = Registro auditivo/Heard
col = Colectado/Collected
ent = Entrevista/Interview
esp = Esperado pero no
registrado/Expected but
not recorded
obs = Observación visual/Seen

Tipos de hábitat/Habitat types

Cz = Colonizadora/Open
Pi = Pioneras/Young
Cl = Climax/Older, "climax"

**Tipos de vegetación/
Vegetation types**

BC = Bosque colinado/
Hill forest
GU = Guadual/Bamboo thicket
ZI = Zonas inundables/
Flooded areas
VR = Vegetación riparia/
Riparian vegetation

Microhábitat/Microhabitat

Acua = Acuatica/In water
Arbo = Arborícola/In trees
Arbs = Arbustiba/In shrubs
Capa = Cuerpos de agua
permanentes arborícola/
Permanent water in trees
Capt = Cuerpos de agua
permanentes terrestre/
Permanent water at
ground level
Cata = Cuerpos de agua temporales
arborícola/Ephemeral water
in trees
Catt = Cuerpos de agua temporales
terrestre/Ephemeral water
at ground level
Sfos = Semifosorial/Semifossorial
Terr = Terrestre/Terrestrial

Actividad/Activity

D = Diurno
N = Nocturno

Abundancia/Abundance

alt = Alta/High
med = Media/Medium
baj = Baja/Low

Distribución/Distribution

Am = Amplia en la cuenca
amazónica/Broad, in
Amazon basin
Br = Brasil/Brazil
Co = Colombia
Ec = Ecuador
Pe = Perú/Peru
? = Desconocido/Unknown

UICN/IUCN (IUCN 2004)

LC = Baja preocupación/
Low risk
DD = Datos deficientes/
Deficient data
NE = No evaluado/Not evaluated
VU = Vulnerable/Vulnerable

* Especies reportados por Duellman
(1978) para Dureno/Species
reported from Dureno by Duellman
(1978)

ANFIBIOS Y REPTILES / AMPHIBIANS AND REPTILES

Nombre científico/Scientific Name	Sitio, Site	Registro/ Record	Tipos de hábitat/ Habitat types	Tipos de vegetación/ Vegetation types	Microhábitat/ Microhabitat
105 *Gonatodes humeralis*	2	col	Pi	BC/GU	Arbo
106 *Lepidoblepharis festae*	?	col	Pi	BC	Terr, Sfos
107 *Pseudogonatodes guianensis*	2, 3	col	Pi	BC	Terr, Sfos
108 *Thecadatylus rapicauda*	3	obs	Pi	BC	Arbo
Gymnophthalmidae (10)					
109 *Alopoglossus atriventris*	1, 2, 3	col	Pi	BC	Terr, Sfos
110 *Alopoglossus copii*	–	esp	–	–	–
111 *Arthrosaura reticulata*	–	esp	–	–	–
112 *Bachia trisanale*	–	esp	–	–	–
113 *Cercosaura argulus*	1, 2, 3	col	Pi	BC/ZI	Terr, Sfos
114 *Cercosaura manicatus*	2	col	Pi	BC	Terr, Sfos
115 *Iphisa elegans*	–	esp	–	–	–
116 *Leposoma parietale*	1, 2	col	Pi	BC	Terr, Sfos
117 *Neusticurus ecpleopus*	1, 3	col	Pi	ZI	Catt, Capt
118 *Ptychoglossus brevifrontalis*	–	esp	–	–	–
Hoplocercidae (3)					
119 *Enyalioides cofanarum*	1	col	Cl	BC	Arbo
120 *Enyalioides laticeps**	3	obs	Cl	BC	Arbo
121 *Morunasaurus annularis*	–	esp	–	–	–
Polycrotidae (7)					
122 *Anolis nitens**	–	esp	–	–	–
123 *Anolis fuscoauratus*	2, 3	col	Cz	BC/VR	Arbo
124 *Anolis ortonii*	–	esp	–	–	–
125 *Anolis punctatus*	–	esp	–	–	–
126 *Anolis trachyderma*	3	obs	Pi	BC	Arbo
127 *Anolis transversalis*	–	esp	–	–	–
128 *Polychrus marmoratus**	–	esp	–	–	–
Teiidae (4)					
129 *Ameiva ameiva*	–	esp	–	–	–
130 *Dracena guianensis*	–	esp	–	–	–
131 *Kentropryx pelviceps**	2	obs	Cz	ZI	Terr
132 *Tupinambis teguixin*	2	obs	Cz	BC	Terr
Tropiduridae (2)					
133 *Plica umbra*	–	esp	–	–	–
134 *Uracentron flaviceps*	–	esp	–	–	–
Scincidae (1)					
135 *Mabuya nigropunctata**	–	esp	–	–	–
SQUAMATA-SERPENTES (49)					
Boidae (5)					
136 *Boa constrictor*	3	ent	Cz	BC	Terr
137 *Corallus caninus*	–	esp	–	–	–

	Actividad/ Activity	Abundancia/ Abundance	Distribución/ Distribution	Estatus mundial UICN/IUCN global status
105	D	med	Am	NE
106	D	baj	Co, Ec, Pe	NE
107	D	med	Am	NE
108	D	baj	Am	NE
109	D	alt	Am	NE
110	–	–	Am	NE
111	–	–	Am	NE
112	–	–	Am	NE
113	D	alt	Am	NE
114	D	baj	Am	NE
115	–	–	Am	NE
116	D	med	Am	NE
117	D	med	Am	NE
118	–	–	Am	NE
119	D	baj	Ec	NE
120	D	baj	Am	NE
121	–	–	Ec, Co, Pe	NE
122	–	–	Am	NE
123	D	baj	Am	NE
124	–	–	Am	NE
125	–	–	Am	NE
126	D	baj	Am	NE
127	–	–	Am	NE
128	–	–	Am	NE
129	–	–	Am	NE
130	–	–	Am	NE
131	D	baj	Am	NE
132	D	baj	Am	NE
133	–	–	Am	NE
134	–	–	Am	NE
135	–	–	Am	NE
136	D	baj	Am	NE
137	–	–	Am	NE

Sitio/Site

Camp 1 = Pisorié Setsa'cco
Camp 2 = Baboroé
Camp 3 = Totoa Nai'qui

Registro/Record

aud = Registro auditivo/Heard
col = Colectado/Collected
ent = Entrevista/Interview
esp = Esperado pero no registrado/Expected but not recorded
obs = Observación visual/Seen

Tipos de hábitat/Habitat types

Cz = Colonizadora/Open
Pi = Pioneras/Young
Cl = Climax/Older, "climax"

Tipos de vegetación/ Vegetation types

BC = Bosque colinado/ Hill forest
GU = Guadual/Bamboo thicket
ZI = Zonas inundables/ Flooded areas
VR = Vegetación riparia/ Riparian vegetation

Microhábitat/Microhabitat

Acua = Acuatica/In water
Arbo = Arborícola/In trees
Arbs = Arbustiba/In shrubs
Capa = Cuerpos de agua permanentes arborícola/ Permanent water in trees
Capt = Cuerpos de agua permanentes terrestre/ Permanent water at ground level
Cata = Cuerpos de agua temporales arborícola/Ephemeral water in trees
Catt = Cuerpos de agua temporales terrestre/Ephemeral water at ground level
Sfos = Semifosorial/Semifossorial
Terr = Terrestre/Terrestrial

Actividad/Activity

D = Diurno
N = Nocturno

Abundancia/Abundance

alt = Alta/High
med = Media/Medium
baj = Baja/Low

Distribución/Distribution

Am = Amplia en la cuenca amazónica/Broad, in Amazon basin
Br = Brasil/Brazil
Co = Colombia
Ec = Ecuador
Pe = Perú/Peru
? = Desconocido/Unknown

UICN/IUCN (IUCN 2004)

LC = Baja preocupación/ Low risk
DD = Datos deficientes/ Deficient data
NE = No evaluado/Not evaluated
VU = Vulnerable/Vulnerable

* Especies reportados por Duellman (1978) para Dureno/Species reported from Dureno by Duellman (1978)

Anfibios y reptiles/
Amphibians and reptiles

	ANFIBIOS Y REPTILES / AMPHIBIANS AND REPTILES					
	Nombre científico/Scientific Name	Sitio, Site	Registro/ Record	Tipos de hábitat/ Habitat types	Tipos de vegetación/ Vegetation types	Microhábitat/ Microhabitat
138	*Corallus hortulanus*	3	ent	Cl	Zl	Arbo
139	*Epicrates cenchria*	–	esp	–	–	–
140	*Eunectes murinus*	3	ent	Cl	BC	Acua
	Colubridae (34)					
141	*Atractus elaps*	–	esp	–	–	–
142	*Atractus major*	–	esp	–	–	–
143	*Atractus occipitoalbus*	–	esp	–	–	–
144	*Chironius carinatus*	–	esp	–	–	–
145	*Chironius fuscus*	–	esp	–	–	–
146	*Chironius multiventris*	–	esp	–	–	–
147	*Chironius scurrulus*	–	esp	–	–	–
148	*Clelia clelia*	1	obs	Pi	BC	Terr
149	*Dendrophidion dendrophis*	2	col	Pi	BC	Terr
150	*Dipsas catesbeyi*	–	esp	–	–	–
151	*Dipsas indica*	1	col	Pi	BC	Arbo, Terr
152	*Dipsas pavonina*	–	esp	–	–	–
153	*Drepanoides anomalus**	–	esp	–	–	–
154	*Drymobius rhombifer*	–	esp	–	–	–
155	*Drymoluber dichrous*	–	esp	–	–	–
156	*Erythrolamprus aesculapii*	–	esp	–	–	–
157	*Helicops angulatus*	–	esp	–	–	–
158	*Helicops petersi*	–	esp	–	–	–
159	*Imantodes cenchoa*	1	obs	Pi	BC	Arbs
160	*Imantodes lentiferus*	–	esp	–	–	–
161	*Liophis cobella*	–	esp	–	–	–
162	*Liophis reginae**	–	esp	–	–	–
163	*Ninia hudsoni*	–	esp	–	–	–
164	*Oxyrhopus formosus*	–	esp	–	–	–
165	*Oxyrhopus melanogenys*	–	esp	–	–	–
166	*Oxyrhopus petola*	1	col	Pi	BC	Terr
167	*Pseudoboa coronata*	–	esp	–	–	–
168	*Rhadinaea brevirostris*	–	esp	–	–	–
169	*Siphlophis cervinus*	–	esp	–	–	–
170	*Tantilla melanocephala*	–	esp	–	–	–
171	*Tripanurgos compressus*	–	esp	–	–	–
172	*Xenodon rabdocephalus*	–	esp	–	–	–
173	*Xenopholis scalaris*	–	esp	–	–	–
174	*Xenoxybelis argenteus*	2, 3	obs	Pi	BC	Arbs
	Elapidae (5)					
175	*Leptomircrurus narduccii*	–	esp	–	–	–
176	*Micrurus langsdorffi*	–	esp	–	–	–

	Actividad/ Activity	Abundancia/ Abundance	Distribución/ Distribution	Estatus mundial UICN/IUCN global status
38	D	baj	Am	NE
39	–	–	Am	NE
40	D	baj	Am	NE
41	–	–	Am	NE
42	–	–	Am	NE
43	–	–	Am	NE
44	–	–	Am	NE
45	–	–	Am	NE
46	–	–	Am	NE
47	–	–	Am	NE
48	D	baj	Am	NE
49	D	baj	Am	NE
50	–	–	Am	NE
51	D	baj	Am	NE
52	–	–	Am	NE
53	–	–	Am	NE
54	–	–	Am	NE
55	–	–	Am	NE
56	–	–	Am	NE
57	–	–	Am	NE
58	–	–	Am	NE
59	D	baj	Am	NE
60	–	–	Am	NE
61	–	–	Ec	NE
62	–	–	Am	NE
63	–	–	Am	NE
64	–	–	Am	NE
65	–	–	Am	NE
66	D	baj	Am	NE
67	–	–	Am	NE
68	–	–	Am	NE
69	–	–	Am	NE
70	–	–	Am	NE
71	–	–	Am	NE
72	–	–	Am	NE
73	–	–	Am	NE
74	D	baj	Am	NE
75	–	–	Am	NE
76	–	–	Am	NE

Sitio / Site

Camp 1 = Pisorié Setsa'cco

Camp 2 = Baboroé

Camp 3 = Totoa Nai'qui

Registro / Record

aud = Registro auditivo / Heard

col = Colectado / Collected

ent = Entrevista / Interview

esp = Esperado pero no registrado / Expected but not recorded

obs = Observación visual / Seen

Tipos de hábitat / Habitat types

Cz = Colonizadora / Open

Pi = Pioneras / Young

Cl = Climax / Older, "climax"

Tipos de vegetación / Vegetation types

BC = Bosque colinado / Hill forest

GU = Guadual / Bamboo thicket

ZI = Zonas inundables / Flooded areas

VR = Vegetación riparia / Riparian vegetation

Microhábitat / Microhabitat

Acua = Acuatica / In water

Arbo = Arborícola / In trees

Arbs = Arbustiba / In shrubs

Capa = Cuerpos de agua permanentes arborícola / Permanent water in trees

Capt = Cuerpos de agua permanentes terrestre / Permanent water at ground level

Cata = Cuerpos de agua temporales arborícola / Ephemeral water in trees

Catt = Cuerpos de agua temporales terrestre / Ephemeral water at ground level

Sfos = Semifosorial / Semifossorial

Terr = Terrestre / Terrestrial

Actividad / Activity

D = Diurno

N = Nocturno

Abundancia / Abundance

alt = Alta / High

med = Media / Medium

baj = Baja / Low

Distribución / Distribution

Am = Amplia en la cuenca amazónica / Broad, in Amazon basin

Br = Brasil / Brazil

Co = Colombia

Ec = Ecuador

Pe = Perú / Peru

? = Desconocido / Unknown

UICN / IUCN (IUCN 2004)

LC = Baja preocupación / Low risk

DD = Datos deficientes / Deficient data

NE = No evaluado / Not evaluated

VU = Vulnerable / Vulnerable

* Especies reportados por Duellman (1978) para Dureno / Species reported from Dureno by Duellman (1978)

| ANFIBIOS Y REPTILES / AMPHIBIANS AND REPTILES | | | | | |
Nombre científico/Scientific Name	Sitio, Site	Registro/ Record	Tipos de hábitat/ Habitat types	Tipos de vegetación/ Vegetation types	Microhábitat/ Microhabitat
177 Micrurus lemniscatus	–	esp	–	–	–
178 Micrurus spixii	–	esp	–	–	–
179 Micrurus surinamensis	–	esp	–	–	–
Viperidae (5)					
180 Bothriopsis bilineatus	2	col	CI	BC	Arbo
181 Bothriopsis taeniatus	–	esp	–	–	–
182 Bothrocophias hyoprora	1	col	CI	BC	Terr, Capt
183 Bothrops atrox	1, 2	obs	Cz	BC/ZI	Terr, Capt
184 Lachesis muta	–	esp	–	–	–
TESTUDINES (8)					
Chelidae (4)					
185 Chelus fimbriatus	–	esp	–	–	–
186 Phrynops geoffroanus	–	esp	–	–	–
187 Phrynops gibbus	–	esp	–	–	–
188 Platemys platycephala	–	esp	–	–	–
Kinosternidae (1)					
189 Kinosternon scorpioides	–	esp	–	–	–
Pelomedusidae (2)					
190 Podocnemis expansa	–	esp	–	–	–
191 Podocnemis unifilis	3	ent	CI	ZI	Acua
Testudinidae (1)					
192 Chelonoidis denticulata	3	obs	CI	BC	Terr
CROCODILIA (2)					
Crocodylidae (2)					
193 Caiman crocodilus	–	esp	–	–	–
194 Paleosuchus trigonatus	3	ent	Pi	ZI	Acua
Número de especies registradas/ Total number of species registered = 79					

Anfibios y reptiles/
Amphibians and reptiles

	Actividad/ Activity	Abundancia/ Abundance	Distribución/ Distribution	Estatus mundial UICN/IUCN global status
77	–	–	Am	NE
78	–	–	Am	NE
79	–	–	Am	NE
80	D, N	baj	Am	NE
81	–	–	Am	NE
82	D	baj	Am	NE
83	D	baj	Am	NE
84	–	–	Am	NE
85	–	–	Am	NE
86	–	–	Am	NE
87	–	–	Am	NE
88	–	–	Am	NE
89	–	–	Am	NE
00				
90	–	–	Am	NE
91	D	med	Am	NE
92	D	baj	Am	NE
93	–	–	Am	NE
94	D	baj	Am	NE

Sitio/Site

Camp 1 = Pisorié Setsa'cco

Camp 2 = Baboroé

Camp 3 = Totoa Nai'qui

Registro/Record

aud = Registro auditivo/Heard

col = Colectado/Collected

ent = Entrevista/Interview

esp = Esperado pero no registrado/Expected but not recorded

obs = Observación visual/Seen

Tipos de hábitat/Habitat types

Cz = Colonizadora/Open

Pi = Pioneras/Young

Cl = Climax/Older, "climax"

**Tipos de vegetación/
Vegetation types**

BC = Bosque colinado/Hill forest

GU = Guadual/Bamboo thicket

ZI = Zonas inundables/Flooded areas

VR = Vegetación riparia/Riparian vegetation

Microhábitat/Microhabitat

Acua = Acuatica/In water

Arbo = Arborícola/In trees

Arbs = Arbustiba/In shrubs

Capa = Cuerpos de agua permanentes arborícola/Permanent water in trees

Capt = Cuerpos de agua permanentes terrestre/Permanent water at ground level

Cata = Cuerpos de agua temporales arborícola/Ephemeral water in trees

Catt = Cuerpos de agua temporales terrestre/Ephemeral water at ground level

Sfos = Semifosorial/Semifossorial

Terr = Terrestre/Terrestrial

Actividad/Activity

D = Diurno

N = Nocturno

Abundancia/Abundance

alt = Alta/High

med = Media/Medium

baj = Baja/Low

Distribución/Distribution

Am = Amplia en la cuenca amazónica/Broad, in Amazon basin

Br = Brasil/Brazil

Co = Colombia

Ec = Ecuador

Pe = Perú/Peru

? = Desconocido/Unknown

UICN/IUCN (IUCN 2004)

LC = Baja preocupación/Low risk

DD = Datos deficientes/Deficient data

NE = No evaluado/Not evaluated

VU = Vulnerable/Vulnerable

* Especies reportados por Duellman (1978) para Dureno/Species reported from Dureno by Duellman (1978)

Aves/Birds

Aves registradas en tres sitios del Territorio Cofan Dureno, Ecuador, del 23 mayo al 1 de junio de 2007 por Douglas Stotz y Freddy Queta Quenamá.

AVES / BIRDS						
Nombre científico/ Scientific name	Nombre castellaño/ Spanish name	Abundancia/ Abundance	Camp 1	Camp 2	Camp 3	Hábitats/ Habitats
Tinamidae (7)						
Tinamus major	Tinamú Grande	U	x	x	x	Btf, Bqu
Crypturellus cinereus	Tinamú Cinéreo	C	x	x	x	Btf, Bqu, Bse
Crypturellus soui	Tinamú Chico	U	x	–	x	Bqu, Bse
Crypturellus undulatus	Tinamú Ondulado	R	–	–	x	Bse
Crypturellus variegatus	Tinamú Abigarrado	U	x	x	x	Btf
Ortalis guttata	Chachalaca Jaspeada	U	x	x	x	Mar, Bqu
Penelope jacquacu	Pava de Spix	U	x	x	x	Btf, Bqu
Ardeidae (2)						
Tigrisoma lineatum	Garza Tigre Castaña	R	–	–	x	Mar
Butorides striatus	Garcilla Estriada	R	x*	–	–	Mar
Threskiornithidae (1)						
Mesembrinibis cayennensis	Ibis Verde	R	–	–	x	Bqu
Cathartidae (3)						
Cathartes melambrotus	Gallinazo Cabeciamarillo Mayor	F	x	x	x	Air
Coragyps atratus	Gallinazo Negro	U	x	x	x	Air
Sarcoramphus papa	Gallinazo Rey	R	–	x	–	Air
Accipitridae (9)						
Leptodon cayanensis	Elanio Cabecigris	R	–	x	–	Mar
Elanoides forficatus	Elanio Tijereta	U	x*	x	x	Air
Gampsonyx swainsoni	Elanio Perla	R	x	–	–	Mar
Harpagus bidentatus	Elanio Bidentado	R	–	x	x	Btf
Ictinia plumbea	Elanio Plomizo	U	x	x	x	Air
Leucopternis schistacea	Gavilán Pizarroso	R	x	–	–	Bqu
Buteo magnirostris	Gavilán Campestre	F	x	x	x	Mul
Spizaetus tyrannus	Aguila Azor Negro	R	–	x	–	Air
Spizaetus ornatus	Aguila Azor Adornado	U	x	x	x	Air
Falconidae (6)						
Daptrius ater	Caracara Negro	U	x	x	x	Mar, Bse
Milvago chimachima	Caracara Bayo	R	x	–	–	Mar
Herpetotheres cachinnans	Halcón Reidor	U	x	x	x	Bqu
Micrastur ruficollis	Halcón Montés Barreteado	U	–	x	x	Btf
Micrastur gilvicollis	Halcón Montés Lineado	R	–	x	–	Btf
Falco rufigularis	Halcón Cazamurciélagos	R	–	–	x	Air
Psophiidae (1)						
Psophia crepitans	Trompetero Aligris	R	–	–	x	Bqu
Rallidae (2)						
Aramides cajanea	Rascón Montés Cuelligris	F	x	x	x	Bqu, Mar
Laterallus sp.	Polluela sp.	R	–	x	–	Mar
Heliornithidae (1)						
Heliornis fulica	Ave Sol Americano	R	–	x	–	Mar

Birds recorded at three sites in the Dureno Territory, Ecuador, from 23 May to 1 June 2007
by Douglas Stotz and Freddy Queta Quenamá.

AVES / BIRDS

Nombre científico/ Scientific name	Nombre castellaño/ Spanish name	Abundancia/ Abundance	Camp 1	Camp 2	Camp 3	Hábitats/ Habitats
Eurypygidae (1)						
Eurypyga helias	Garceta Sol	R	–	–	x	Mar
Charadriidae (1)						
Charadrius collaris	Chorlo Collarejo	R	x*	–	–	Mar
Columbidae (7)						
Patagioenas cayennensis	Paloma Ventripálida	U	x	–	–	Mar
Patagioenas plumbea	Paloma Plomizo	C	x	x	x	Btf, Bqu
Patagioenas subvinacea	Paloma Rojiza	U	x	x	x	Btf, Bqu
Columbina talpacoti	Tortolita Colorada	U	x*	–	–	Mar
Claravis pretiosa	Tortolita Azul	R	x	–	x	Mar, Bse
Leptotila rufaxilla	Paloma Frentigris	C	x	x	x	Mul
Geotrygon montana	Paloma Perdiz Rojiza	F	x	x	x	Btf, Bqu
Psittacidae (11)						
Ara severus	Guacamayo Frenticastaño	U	–	–	x	Air
Orthopsittaca manilata	Guacamayo Ventrirrojo	U	–	x	–	Air
Aratinga leucophthalmus	Perico Oliblanco	U	x	x	x	Air
Aratinga weddellii	Perico Cabecioscuro	U	x	–	x	Air, Mar
Pyrrhura melanura	Perico Colimarrón	R	x	–	–	Btf
Touit (huetii)	Periquito Hombrirrojo	R	–	–	x	Bqu
Brotogeris cyanoptera	Perico Alicobáltico	C	x	x	x	Air
Pionites melanocephala	Loro Coroninegro	R	x	–	x	Air
Pionopsitta barrabandi	Loro Cachetinaranja	U	x	x	x	Air
Pionus menstruus	Loro Cabeciazul	U	x	–	x	Air
Amazona farinosa	Amazona Harinosa	U	x	–	x	Air, Btf
Cuculidae (3)						
Piaya cayana	Cuco Ardilla	C	x	x	x	Mul
Crotophaga major	Garrapatero Mayor	R	–	x	–	Mar
Crotophaga ani	Garrapatero Piquiliso	U	x	x	–	Mar, Bse
Strigidae (5)						
Otus watsonii	Autillo Ventrileonado	F	x	x	x	Btf, Bqu

LEYENDA/
LEGEND

Abundancia / Abundance

C = Común/Common

F = Poco común/Fairly common

U = No común/Uncommon

R = Raro/Rare

Sitio / Site

Camp 1 = Pisorié Setsa'cco

Camp 2 = Baboroé

Camp 3 = Totoa Nai'qui

* = Visto de camino a/del sitio/
Seen en route to/from site

Hábitats / Habitats

Air = Aire/Overhead

Bam = Bamboo/Vine tangles

Bqu = Bosque de quebrada/
Forest along streams

Bse = Bosque secundario/
Secondary forest

Btf = Bosque de tierra firme/
Terra-firme forest

Mar = Margen de rio/River margins

Mul = Hábitats multiples (más que tres)/
Multiple (more than three habitats)

AVES / BIRDS						
Nombre científico/ Scientific name	Nombre castellaño/ Spanish name	Abundancia/ Abundance	Camp 1	Camp 2	Camp 3	Hábitats/ Habitats
Lophostrix cristata	Búho Penachudo	C	x	x	x	Btf, Bqu
Pulsatrix perspicillata	Búho de Anteojos	U	x	x	x	Btf, Bqu
Ciccaba huhula	Búho Negribandeado	U	x	–	x	Btf, Bqu
Glaucidium brasilianum	Mochuelo Ferruginoso	R	–	–	x	Btf, Bse
Nyctibiidae (3)						
Nyctibius grandis	Nictibio Grande	U	x	x	x	Btf
Nyctibius aethereus	Nictibio Colilargo	R	x	–	–	Btf
Nyctibius griseus	Nictibio Común	R	–	–	x	Bqu
Caprimulgidae (1)						
Chordeiles rupestris	Añapero Arenizco	R	x	–	–	Mar
Apodidae (5)						
Streptoprocne zonaris	Vencejo Cuelliblanco	U	–	x	x	Air
Chaetura cinereiventris	Vencejo Lomigris	F	x	x	x	Air
Chaetura brachyura	Vencejo Colicorto	U	x	x	x	Air
Tachornis squamata	Vencejo de Morete	U	x	–	–	Air, Mar
Panyptila cayennensis	Vencejo Tijereta Menor	U	x	x	x	Air
Trochilidae (15)						
Glaucis hirsuta	Ermitaño Pechicanelo	U	x	x	x	Bqu, Mar
Threnetes leucurus	Barbita Colipálida	U	x	x	–	Mar
Phaethornis atrimentalis	Ermitaño Golinegro	U	x	–	x	Bqu, Btf
Phaethornis ruber	Ermitaño Rojizo	R	–	x	–	Btf
Phaethornis hispidus	Ermitaño Barbiblanco	U	x	–	x	Bqu, Mar
Phaethornis bourcieri	Ermitaño Piquirrecto	U	x	x	x	Btf
Phaethornis superciliosus	Ermitaño Piquigrande	C	x	x	x	Btf, Bqu
Campylopterus largipennis	Alasable Pechigris	U	–	x	–	Bqu
Florisuga mellivora	Jacobino Nuquiblanco	U	x	x	–	Btf, Bqu
Topaza pyra	Topacio Fuego	R	–	x	–	Bqu
Thalurania furcata	Ninfa Tijereta	F	x	x	x	Btf, Bqu
Amazilia fimbriata	Amazilia Gorjibrillante	R	x*	–	x	Bse, Mar
Heliodoxa aurescens	Brillante Frentijoya	U	x	x	–	Bqu
Heliothryx aurita	Hada Orejinegra	R	–	–	x	Btf
Heliomaster longirostris	Heliomaster Piquilargo	R	x	–	–	Mar
Trogonidae (5)						
Trogon viridis	Trogón Coliblanco	C	x	x	x	Mul
Trogon violaceus	Trogón Violáceo	U	x	x	x	Bqu
Trogon collaris	Trogón Collarejo	R	x	–	–	Btf
Trogon rufus	Trogón Golinegro	R	x	x	–	Btf
Trogon melanurus	Trogón Colinegro	F	x	x	x	Btf
Alcedinidae (1)						
Megaceryle torquata	Martín Pescador Grande	R	x	–	–	Mar
Momotidae (3)						
Electron platyrhynchum	Momoto Piquiancho	R	x	–	–	Bqu

AVES / BIRDS						
Nombre científico/ Scientific name	Nombre castellaño/ Spanish name	Abundancia/ Abundance	Camp 1	Camp 2	Camp 3	Hábitats/ Habitats
Baryphthengus martii	Momoto Rufo	U	x	x	x	Bqu, Mar, Btf
Momotus momota	Momoto Coroniazul	C	x	x	x	Btf
Galbulidae (3)						
Brachygalba lugubris	Jacamar Pardo	R	x	–	–	Mar
Galbula tombacea	Jacamar Barbiblanco	R	–	–	x	Bam
Jacamerops aurea	Jacamar Grande	U	x	x	x	Bqu
Bucconidae (5)						
Notharchus hyperrynchus	Buco Cuelliblanco	R	x*	–	–	Mar
Monasa nigrifrons	Monja Frentinegra	C	x	x	x	Bqu, Bse, Mar
Monasa morphoeus	Monja Frentiblanca	U	x	x	–	Btf
Monasa flavirostris	Monja Piquiamarilla	U	x	x	x	Mar, Bam
Chelidoptera tenebrosa	Buco Golondrina	U	x	x	–	Mar, Bse
Ramphastidae (10)						
Capito aurovirens	Barbudo Coronirrojo	U	x	–	–	Mar
Capito auratus	Barbudo Filigrana	C	x	x	x	Mul
Eubucco richardsoni	Barbudo Golilimón	U	x	x	x	Btf
Pteroglossus inscriptus	Arasari Letreado	U	x	–	x	Mar
Pteroglossus azara	Arasari Piquimarfil	R	–	x	x	Btf
Pteroglossus castanotis	Arasari Orejicastaño	U	x	x	x	Btf, Bqu
Pteroglossus pluricinctus	Arasari Bifajeado	U	x	x	x	Mul
Selenidera reinwardtii	Tucancillo Collaridarado	C	x	x	x	Mul
Ramphastos vitellinus	Tucán Goliblanco	U	x	x	x	Btf, Bqu
Ramphastos tucanus	Tucán Piquicanalado	C	x	x	x	Btf, Bqu
Picidae (7)						
Melanerpes cruentatus	Carpintero Penachiamarillo	C	x	x	x	Mul
Piculus chrysochloros	Carpintero Verdidorado	R	–	x	–	Btf
Celeus elegans	Carpintero Castaño	R	–	–	x	Bam
Celeus flavus	Carpintero Flavo	R	–	x	–	Bqu
Dryocopus lineatus	Carpintero Lineado	U	x	–	x	Bse, Bqu

LEYENDA/
LEGEND

Abundancia/Abundance

C   = Común/Common

F   = Poco común/Fairly common

U   = No común/Uncommon

R   = Raro/Rare

Sitio/Site

Camp 1 = Pisorié Setsa'cco

Camp 2 = Baboroé

Camp 3 = Totoa Nai'qui

*   = Visto de camino a/del sitio/
          Seen en route to/from site

Hábitats/Habitats

Air = Aire/Overhead

Bam = Bamboo/Vine tangles

Bqu = Bosque de quebrada/
       Forest along streams

Bse = Bosque secundario/
       Secondary forest

Btf = Bosque de tierra firme/
       Terra-firme forest

Mar = Margen de rio/River margins

Mul = Hábitats multiples (más que tres)/
       Multiple (more than three habitats)

AVES / BIRDS						
Nombre científico/ Scientific name	Nombre castellaño/ Spanish name	Abundancia/ Abundance	Camp 1	Camp 2	Camp 3	Hábitats/ Habitats
Campephilus rubricollis	Carpintero Cuellirrojo	U	x	x	–	Btf
Campephilus melanoleucos	Carpintero Crestirrojo	C	x	x	x	Mul
Dendrocolaptidae (10)						
Dendrocincla fuliginosa	Trepatroncos Pardo	U	x	x	x	Btf, Bqu
Dendrocincla merula	Trepatroncos Barbiblanco	R	–	–	x	Btf
Sittasomus griseicapillus	Trepatroncos Oliváceo	R	–	–	x	Btf
Glyphorynchus spirurus	Trepatroncos Piquicuña	F	x	x	x	Mul
Nasica longirostris	Trepatroncos Piquilargo	U	x	–	x	Bqu, Mar
Dendrexetastes rufigula	Trepatroncos Golicanelo	F	x	x	x	Mul
Dendrocolaptes certhia	Trepatroncos Barreteado	R	–	–	x	Btf
Dendrocolaptes picumnus	Trepatroncos Ventribandeado	R	–	–	x	Btf
Xiphorhynchus elegans	Trepatroncos de Spix	R	x	–	–	Btf
Xiphorhynchus guttatus	Trepatroncos Golianteado	C	x	x	x	Mul
Furnariidae (2)						
Automolus rufipileatus	Rascahojas Coronicastaño	R	–	–	x	Bqu
Sclerurus sp.	Tirahojas sp.	R	–	x	–	Btf
Thamnophilidae (36)						
Cymbilaimus lineatus	Batará Lineado	R	x	x	–	Bam
Taraba major	Batará Mayor	R	–	x	x	Mar
Thamnophilus schistaceus	Batará Alillano	F	x	x	x	Btf, Bqu
Thamnophilus murinus	Batará Murino	R	x	–	–	Btf
Thamnomanes ardesiacus	Batará Golioscuro	F	x	x	x	Bqu, Btf
Thamnomanes caesius	Batará Cinéreo	U	x	–	x	Bqu
Pygiptila stellaris	Batará Alimoteado	U	x	–	–	Btf
Myrmotherula ornata	Hormiguerito Adornado	R	–	–	x	Bam
Myrmotherula erythrura	Hormiguerito Colirrufo	R	x	–	–	Btf
Myrmotherula brachyura	Hormiguerito Pigmeo	F	x	x	x	Mul
Myrmotherula ignota	Hormiguerito Piquicorto	U	x	x	–	Bqu, Mar
Myrmotherula multostriata	Hormiguerito Rayado Amazónico	R	x	–	–	Mar
Myrmotherula hauxwelli	Hormiguerito Golillano	U	x	x	x	Btf, Bqu
Myrmotherula axillaris	Hormiguerito Flanquiblanco	R	x	–	–	Btf
Myrmotherula menetriesii	Hormiguerito Gris	U	x	x	x	Btf, Bqu
Dichrozona cincta	Hormiguero Bandeado	R	–	–	x	Btf
Herpsilochmus dugandi	Hormiguerito de Dugand	R	x	–	–	Btf
Cercomacra cinerascens	Hormiguero Gris	F	x	x	x	Btf
Cercomacra nigrescens	Hormiguero Negruzco	U	–	x	–	Mar
Cercomacra serva	Hormiguero Negro	R	x	x	–	Bqu
Myrmoborus leucophrys	Hormiguero Cejiblanco	R	x	–	–	Mar
Myrmoborus myotherinus	Hormiguero Carinegro	F	x	x	x	Btf, Bqu
Hypocnemis cantator	Hormiguero Gorjeador	F	x	x	x	Bqu, Mar
Hypocnemis hypoxantha	Hormiguero Cejiamarillo	U	–	x	–	Btf
Hypocnemoides melanopogon	Hormiguero Barbinegro	R	–	–	x	Bqu

AVES / BIRDS						
Nombre científico/ Scientific name	Nombre castellaño/ Spanish name	Abundancia/ Abundance	Camp 1	Camp 2	Camp 3	Hábitats/ Habitats
Sclateria naevia	Hormiguero Plateado	U	–	x	x	Mar
Percnostola leucostigma	Hormiguero Alimoteado	U	x	x	x	Bqu
Myrmeciza hemimelaena	Hormiguero Colicastaño	R	x	–	–	Btf
Myrmeciza melanoceps	Hormiguero Hombriblanco	C	x	x	x	Bqu, Mar
Myrmeciza fortis	Hormiguero Tiznado	F	x	x	x	Btf, Bqu
Pithys albifrons	Hormiguero Cuerniblanco	R	–	–	x	Btf
Gymnopithys leucaspis	Hormiguero Bicolor	R	–	x	–	Btf
Hylophylax naevia	Hormiguero Dorsipunteado	U	x	x	–	Bqu
Hylophylax poecilinota	Hormiguero Dorsiescamado	F	x	x	x	Btf, Bqu
Phlegopsis erythroptera	Carirrosa Alirrojiza	R	–	–	x	Btf
Phlegopsis nigromaculata	Carirrosa Negripunteada	U	–	–	x	Btf, Bqu
Formicariidae (4)						
Formicarius analis	Formicario Crainegro	U	x	x	x	Bqu
Chamaeza nobilis	Chaemaza Colicorto	R	x	–	x	Bqu
Hylopezus fulviventris	Tororoi Loriblanco	R	–	–	x	Bqu
Myrmothera campanisona	Tororoi Campanero	U	x	x	–	Btf, Bqu
Rhinocryptidae (1)						
Liosceles thoracicus	Tapaculo Fajirrojizo	U	x	x	x	Btf
Tyrannidae (39)						
Tyrannulus elatus	Tiranolete Coroniamarillo	F	x	x	x	Bqu, Mar
Myiopagis gaimardii	Elenita Selvática	F	x	x	x	Btf, Bqu, Bse
Ornithion inerme	Tiranolete Alipunteado	R	x	–	x	Bqu
Corythopis torquata	Coritopis Fajeado	R	x	–	–	Btf
Zimmerius gracilipes	Tiranolete Patidelgado	F	x	x	x	Btf, Bqu
Mionectes oleagineus	Mosquerito Ventriocráceo	U	x	x	–	Btf
Myiornis ecaudatus	Tirano Enano Colicorto	R	–	–	x	Bse
Lophotriccus vitiosus	Cimerillo Doblebandeado	U	–	x	–	Btf
Hemitriccus zosterops	Tirano Todi Ojiblanco	R	–	x	–	Btf
Todirostrum chrysocrotaphum	Espatulilla Cejiamarilla	U	x	x	x	Mar, Bse

LEYENDA/
LEGEND

Abundancia / Abundance

C = Común/Common

F = Poco común/Fairly common

U = No común/Uncommon

R = Raro/Rare

Sitio / Site

Camp 1 = Pisorié Setsa'cco

Camp 2 = Baboroé

Camp 3 = Totoa Nai'qui

* = Visto de camino a/del sitio/ Seen en route to/from site

Hábitats / Habitats

Air = Aire/Overhead

Bam = Bamboo/Vine tangles

Bqu = Bosque de quebrada/ Forest along streams

Bse = Bosque secundario/ Secondary forest

Btf = Bosque de tierra firme/ Terra-firme forest

Mar = Margen de rio/River margins

Mul = Hábitats multiples (más que tres)/ Multiple (more than three habitats)

AVES / BIRDS						
Nombre científico/ Scientific name	Nombre castellaño/ Spanish name	Abundancia/ Abundance	Camp 1	Camp 2	Camp 3	Hábitats/ Habitats
Cnipodectes subbrunneus	Alitorcido Pardo	R	–	x	–	Bqu
Rhynchocyclus olivaceus	Picoplano Oliváceo	R	–	–	x	Bqu
Tolmomyias assimilis	Picoancho de Zimmer	U	x	x	x	Btf
Tolmomyias poliocephalus	Picoancho Coroniplomizo	F	x	x	x	Btf, Bqu, Mar
Tolmomyias flaviventris	Picoancho Cabecioliváceo	U	x	–	x	Mar, Bse, Bqu
Platyrinchus coronatus	Picochato Coronidorado	R	–	x	–	Bqu
Terenotriccus erythrurus	Mosquerito Colirrojizo	R	x	–	–	Btf
Ochthornis littoralis	Guardarríos Arenisco	U	x*	–	–	Mar
Legatus leucophaius	Mosquero Pirata	U	–	x	x	Mar, Bse
Myiozetetes similis	Mosquero Social	U	x	x	–	Mar, Bse
Myiozetetes granadensis	Mosquero Cabecigris	F	x	x	x	Mar
Myiozetetes luteiventris	Mosquero Pechioscuro	R	–	x	–	Bqu
Pitangus sulphuratus	Bienteveo Grande	F	x	x	x	Mar, Bse
Megarynchus pitangua	Mosquero Picudo	F	x	x	x	Mar, Bse, Btf
Empidonomus aurantioatrocristatus	Mosquero Coronado	U	x	x	x	Bse, Mar
Tyrannus melancholicus	Tirano Tropical	C	x	x	x	Mar, Bse
Rhytipterna simplex	Copetón Plañidero Grisáceo	U	x	x	–	Btf, Bqu
Sirystes sibilator	Siristes	U	x	–	x	Btf, Mar
Myiarchus tuberculifer	Copetón Crestioscuro	R	–	–	x	Bse
Myiarchus swainsoni	Copetón de Swainson	R	–	–	x	Mar
Myiarchus ferox	Copetón Cresticorto	U	x	–	–	Mar
Ramphotrigon fuscicauda	Picoplano Colinegruzco	R	–	–	x	Bam
Ramphotrigon ruficauda	Picoplano Colirrufo	R	–	–	x	Btf
Attila citriniventris	Atila Ventricitrino	U	x	–	–	Btf
Attila spadiceus	Atila Polimorfo	U	–	x	x	Bqu, Btf
Pachyramphus castaneus	Cabezón Nuquigris	R	x	–	–	Mar
Pachyramphus polychopterus	Cabezón Aliblanco	F	x	x	x	Mar, Bse, Bam
Pachyramphus marginatus	Cabezón Gorrinegro	R	–	x	–	Btf
Tityra cayana	Titira Colinegra	F	x	x	x	Btf, Bqu, Mar
Cotingidae (7)						
Laniocera hypopyrra	Plañidera Cinérea	U	x	x	–	Btf
Phoenicircus nigricollis	Cotinga Rojo Cuellinegra	R	x	x	–	Btf
Cotinga maynana	Cotinga Golimorada	R	–	–	x	Mar
Cotinga cayana	Cotinga Lentejuelada	R	–	x	–	Mar
Lipaugus vociferans	Piha Gritona	U	–	x	x	Btf
Gymnoderus foetidus	Cuervo Higuero Cuellopelado	R	–	–	x	Bse
Querula purpurata	Querula Golipúrpura	C	x	x	x	Btf
Pipridae (8)						
Schiffornis turdinus	Chifornis Pardo	R	–	x	–	Btf
Piprites chloris	Piprites Alibandeado	R	x	x	–	Btf
Tyranneutes stolzmanni	Saltarincillo Enano	U	x	x	–	Btf
Lepidothrix coronota	Saltarín Coroniazul	U	x	x	x	Btf

AVES / BIRDS						
Nombre científico/ Scientific name	Nombre castellaño/ Spanish name	Abundancia/ Abundance	Camp 1	Camp 2	Camp 3	Hábitats/ Habitats
Chiroxiphia pareola	Saltarín Dorsiazul	U	x	x	–	Btf
Dixiphia pipra	Saltarín Coroniblanco	R	x	x	–	Mar
Pipra filicauda	Saltarín Cola de Alambre	R	x	–	–	Bqu
Pipra erythrocephala	Saltarín Capuchidorado	U	x	x	–	Btf
Vireonidae (2)						
Vireo olivaceus	Vireo Ojirrojo	R	–	x	–	Bqu
Hylophilus hypoxanthus	Verdillo Ventriamarillo	R	–	x	–	Bqu
Corvidae (1)						
Cyanocorax violaceus	Urraca Violácea	C	x	x	x	Mar, Bqu
Hirundinidae (3)						
Tachycineta albiventer	Golondrina Aliblanco	U	x	–	–	Mar
Atticora fasciata	Golondrina Fajiblanco	U	x	–	–	Mar
Stelgidopteryx ruficollis	Golondrina Alirrasposa Sureña	U	x	–	–	Mar
Troglodytidae (5)						
Campylorhynchus turdinus	Soterrey Mirlo	C	x	x	x	Bqu, Bse
Thryothorus coraya	Soterrey Coraya	F	x	x	x	Bqu, Bse
Henicorhina leucosticta	Soterrey Montés Pechiblanco	R	–	x	–	Btf
Microcerculus marginatus	Soterrey Ruiseñor Sureño	U	x	x	–	Btf
Cyphorhinus arada	Soterrey Virtuoso	R	–	x	–	Btf
Donacobiidae (1)						
Donacobius atricapilla	Donacobio	R	–	–	x	Mar
Polioptilidae (1)						
Ramphocaenus melanurus	Soterillo Piquilargo	R	–	–	x	Bam
Turdidae (3)						
Turdus ignobilis	Mirlo Piquinegro	U	x	–	–	Mar
Turdus lawrencii	Mirlo Mimico	U	x	x	x	Bqu
Turdus albicollis	Mirlo Cuelliblanco	F	x	x	x	Btf, Bqu

LEYENDA/ LEGEND

Abundancia/Abundance

C   = Común/Common

F   = Poco común/Fairly common

U   = No común/Uncommon

R   = Raro/Rare

Sitio/Site

Camp 1 = Pisorié Setsa'cco

Camp 2 = Baboroé

Camp 3 = Totoa Nai'qui

*   = Visto de camino a/del sitio/ Seen en route to/from site

Hábitats/Habitats

Air   = Aire/Overhead

Bam = Bamboo/Vine tangles

Bqu = Bosque de quebrada/ Forest along streams

Bse = Bosque secundario/ Secondary forest

Btf   = Bosque de tierra firme/ Terra-firme forest

Mar = Margen de rio/River margins

Mul = Hábitats multiples (más que tres)/ Multiple (more than three habitats)

AVES / BIRDS						
Nombre científico/ Scientific name	Nombre castellaño/ Spanish name	Abundancia/ Abundance	Camp 1	Camp 2	Camp 3	Hábitats/ Habitats
Thraupidae (23)						
Cissopis leveriana	Tangara Urraca	R	–	x	–	Bse
Tachyphonus cristatus	Tangara Crestiflama	R	–	x	x	Bqu
Tachyphonus luctuosus	Tangara Hombriblanco	R	–	x	–	Bqu
Lanio fulvus	Tangara Fulva	R	–	x	–	Btf, Bqu
Ramphocelus nigrogularis	Tangara Carmina	U	x	x	–	Mar
Ramphocelus carbo	Tangara Concha de Vino	F	x	x	x	Mar, Bse
Thraupis episcopus	Tangara Azuleja	U	x	–	–	Mar
Thraupis palmarum	Tangara Palmera	U	x	–	x	Mar, Bam
Tangara mexicana	Tangara Turquesa	R	x	–	x	Btf
Tangara chilensis	Tangara Paraíso	R	x	x	–	Bqu
Tangara schrankii	Tangara Verdidorada	C	x	x	x	Btf, Bqu, Mar
Tangara xanthogastra	Tangara Ventriamarilla	U	x	–	–	Mar
Tangara gyrola	Tangara Cabecibaya	U	x	x	–	Btf, Bqu
Tangara nigrocincta	Tangara Enmascarada	R	–	–	x	Btf
Tangara velia	Tangara Lomiopalina	R	x	–	x	Btf
Tangara callophrys	Tangara Cejiopalina	U	x	–	x	Btf, Mar
Dacnis lineata	Dacnis Carinegro	U	x	x	x	Btf, Bqu, Mar
Dacnis flaviventer	Dacnis Ventriamarillo	R	x	–	x	Mar
Cyanerpes nitidus	Mielero Piquicorto	U	x	–	–	Btf
Cyanerpes caeruleus	Mielero Purpúreo	U	x	x	x	Btf, Bqu
Cyanerpes cyaneus	Mielero Patirrojo	R	–	–	x	Bqu
Chlorophanes spiza	Mielero Verde	U	x	x	x	Btf, Bqu
Habia rubica	Tangara Hormiguero Coronirroja	U	x	x	x	Btf
Emberizidae (2)						
Ammodramus aurifrons	Sabanero Cejiamarillo	R	x*	–	–	Mar
Sporophila castaneiventris	Espiguero Ventricastaño	R	x	–	–	Mar
Cardinalidae (4)						
Saltator grossus	Picogrueso Piquirrojo	U	x	x	x	Btf, Bqu
Saltator maximus	Saltador Golianteado	F	x	x	x	Bqu, Mar
Saltator coerulescens	Saltador Grisáceo	U	x*	–	–	Mar
Cyanocompsa cyanoides	Picogrueso Negriazulado	R	–	x	–	Bqu
Parulidae (1)						
Basileuterus fulvicauda	Reinita Lomianteada	U	–	–	x	Mar
Icteridae (7)						
Psarocolius angustifrons	Oropéndola Dorsirrojiza	C	x	x	x	Mul
Psarocolius decumanus	Oropéndola Crestada	C	x	x	x	Mul
Psarocolius bifasciatus	Oropéndola Oliva	U	x	–	–	Btf, Mar
Clypicterus oseryi	Oropéndola de Casco	R	–	–	x	Btf
Cacicus cela	Cacique Lomiamarillo	C	x	x	x	Mul
Icterus icterus	Turpial	R	–	x	–	Bse
Icterus chrysocephalus	Bolsero de Morete	R	–	–	x	Bqu

AVES / BIRDS						
Nombre científico/ Scientific name	Nombre castellaño/ Spanish name	Abundancia/ Abundance	Camp 1	Camp 2	Camp 3	Hábitats/ Habitats
Fringillidae (5)						
Euphonia laniirostris	Eufonia Piquigruesa	R	x	–	–	Mar
Euphonia chrysopasta	Eufonia Loriblanca	C	x	x	x	Mul
Euphonia minuta	Eufonia Ventriblanca	F	x	x	x	Btf, Mar
Euphonia xanthogaster	Eufonia Ventrinaranja	F	x	x	x	Btf, Bqu
Euphonia rufiventris	Eufonia Ventrirufa	C	x	x	x	Mul
Número de especies por sitio/ Number of species per site			199	174	176	

LEYENDA/ LEGEND

Abundancia/Abundance
C = Común/Common
F = Poco común/Fairly common
U = No común/Uncommon
R = Raro/Rare

Sitio/Site
Camp 1 = Pisorié Setsa'cco
Camp 2 = Baboroé
Camp 3 = Totoa Nai'qui
* = Visto de camino a/del sitio/ Seen en route to/from site

Hábitats/Habitats
Air = Aire/Overhead
Bam = Bamboo/Vine tangles
Bqu = Bosque de quebrada/ Forest along streams
Bse = Bosque secundario/ Secondary forest
Btf = Bosque de tierra firme/ Terra-firme forest
Mar = Margen de rio/River margins
Mul = Hábitats multiples (más que tres)/ Multiple (more than three habitats)

Mamíferos Grandes /
Large mammals

Mamíferos grandes registrados en tres sitios del Territorio Cofán Dureno, del 23 mayo al
1 de junio de 2007 por Randall Borman, Silvio Chapal y Alfredo Criollo.[1]

MAMÍFEROS GRANDES / LARGE MAMMALS						
Nombre científico/Scientific name	Nombre Cofan/ Cofan name	Sitio/Site			Esperado/ Espected	Extirpado/ Extirpated
		Camp 1	Camp 2	Camp 3		
XENARTHRA (8)						
Myrmecophagidae (2)						
Myrmecophaga tridactyla	betta	pres	pres	pres	–	–
Tamandua tetradactyla	itsu	–	–	–	x	–
Bradypodidae (1)						
Bradypus sp.	san'di	esq	–	–	x	–
Megalonychidae (1)						
Choloepus sp.	san'di	–	–	–	x	–
Dasypodidae (4)						
Cabassous centralis	chipiri cantimba	com	pres	–	–	–
Dasypus kappleri[2]	rande iji	pres?	pres?	pres?	–	–
Dasypus novemcinctus[2]	iji	com	pres	pres	–	–
Priodontes maximus	cantimba	old	old	new	–	–
PRIMATES (8)						
Callitrichidae (2)						
Cebuella pygmaea	–	–	–	–	x[7]	–
Saguinus nigricollis	chi'me	com	com	com	–	–
Atelidae (1)						
Lagothrix lagothricha poeppigii	cushava con'si	–	–	–	–	x (1989)
Cebidae (4)						
Alouatta seniculus	a'cho	–	–	com	–	–
Aotus vociferans	macoro	vis	–	oid	–	–
Callicebus moloch cupreus	cu'a tso'ga	vis	–	com	–	–
Cebus albifrons	ongu	pres	pres	abs	–	–
Saimiri sciureus	fatsi	pres	pres	com	–	–
CARNIVORA (15)						
Canidae (2)						
Atelocynus microtus	tsampisu ain rande	–	–	–	x	–
Speothos venaticus	tsampisu ain	–	–	–	x	–
Felidae (5)						
Herpailurus yaguarondi	quiya ttesi	–	–	–	x	–
Leopardus pardalis	chimindi	pres	pres	pres	–	–
Leopardus wiedii	totopa chimindi				–	–
Puma concolor	cuvo ttesi	–	–	–	x	–
Panthera onca	rande ttesi, zen'zia ttesi	–	–	–	x	–
Procyonidae (4)						
Nasua nasua	coshombi	pres	–	com	–	–
Potos flavus[3]	consinsi	com	pres	pres	–	–
Bassaricyon gabbii[3]	consinsi	com	–	–	–	–
Procyon cancrivorus	quiya to'to	–	–	pres	–	–

Large mammals recorded at three sites in the Dureno Territory, Ecuador, from 23 May to 1 June 2007 by Randall Borman, Silvio Chapal and Alfred Criollo.[1]

MAMÍFEROS GRANDES / LARGE MAMMALS						
Nombre científico/Scientific name	Nombre Cofan/ Cofan name	Sitio/Site			Esperado/ Esperado	Extirpado/ Extirpated
		Camp 1	Camp 2	Camp 3		
Mustelidae (4)						
Eira barbara	pando	–	–	–	x	–
Galictis vittata	joven	–	–	–	x	–
Lontra longicaudis	choni	pres	–	–	–	–
Pteronura brasiliensis	sararo	–	–	–	–	x (1964)
PERISSODACTYLA (1)						
Tapiradae (1)						
Tapirus terrestris	ccovi	–	–	–	x^8	–
ARTIODACTYLA (4)						
Tayassuidae (2)						
Tayassu pecari	munda	–	–	hue	–	–
Tayassu tajacu	saquira	pres	pres	com^5	–	–
Cervidae (2)						
Mazama americana[4]	rande shan'cco	com	com	com	–	–
Mazama gouazoubira[4]	ciafaje shan'cco	pres	pres	pres	–	–
RODENTIA (5)						
Sciuridae (1)						
Microsciurus flaviventer	tiriri	vis	–	vis	–	–
Sciurus igniventris	tutuye	vis	–	vis	–	–
Agoutidae (1)						
Agouti paca	chanange	pres	pres	pres	–	–
Dasyproctidae (2)						
Dasyprocta fuliginosa	quiya	com	ncom	com	–	–
Myoprocta pratti	cu'no	hue^6	–	hue6	–	–
Hydrochaeridae (1)						
Hydrochaeris hydrochaeris	–	$pres^9$	–	–	–	–

Mamíferos Grandes/
Large mammals

Mamíferos grandes registrados en tres sitios del Territorio Cofán Dureno, del 23 mayo al 1 de junio de 2007 por Randall Borman, Silvio Chapal y Alfredo Criollo.[1/]
Large mammals recorded at three sites in the Dureno Territory, Ecuador, from 23 May to 1 June 2007 by Randall Borman, Silvio Chapal and Alfred Criollo.[1]

LEYENDA/
LEGEND

Sitio/Site

Camp 1 = Pisorié Setsa'cco

Camp 2 = Baboroé

Camp 3 = Totoa Nai'qui

abs = Notablemente ausente/
Notably absent

com = Común/Common

esq = Esquelto/Skeleton

hue = Huellas/Tracks

ncom = Notablemente común/
Notably common

new = Rastros recientes/Recent sign

oid = Oido/Heard

old = Rastros antiguos/Old sign

pres = Presente/Present

vis = Visto/Seen

Esperado/Expected

x = No fue observado por nosotros pero se sabe por información de los Cofán que está presente/ Not observed by us but known by the Cofan to be present

Extirpado/Extirpated

x = Ya no está presente en el Territorio Dureno (visto por última vez en el año señalado)/ No longer present in the Dureno Territory (last seen in year noted)

[1] La parte norte del Aguarico albergaba tres especies de primates, los cuales históricamente no occurían en la parte sur, pero que eran cazados por los Cofan de manera extensiva: *Lagothrix lagothricha humboldti, totosi con'si; Pithecia monachus, paravacco;* y *Callicebus torquatus, si'an tso'ga.* Los cazadores de Dureno todavía tienen acceso a las poblaciones remanentes, generalmente a través de amistades con colonos terratenientes, quienes no practican la actividad de la caza de primates./The north side of the Aguarico was home to three primate species that did not historically occur on the south side but that were used by Cofan hunters extensively: *Lagothrix lagothricha humbolti, totosi con'si; Pithecia monachus, paravacco;* and *Callicebus torquatus, si'an tso'ga.* Residual populations are still accessed by Dureno hunters today, generally through friendships with colonist land owners who do not themselves hunt primates.

[2] En el caso de los armadillos dependimos de sus huellas; fue especialmente difícil distinguir a las dos especies de *Dasypus.*/We relied on tracks for armadillos; it was especially difficult to distinguish the two species of *Dasypus.*

[3] Difíciles de distinguir cusumbo (*Potos*) y olingo (*Bassaricyon*); audio en Camp 1 confirmó la presencia de ambos./Difficult to distinguish kinkajou (*Potos*) and olingo (*Bassaricyon*); audio at Camp 1 confirmed both present.

[4] Para los venados, dependimos también de las huellas; es difícil diferenciar *M. americana* de *M. gouazoubira* basándose sólo en el tamaño./

We relied on tracks for deer; difficult to tell difference based on size between *M. americana* and *M. gouazoubira.*

[5] Las poblaciones de *Tayassu tajacu* en Camp 3 eran excepcionales. Registros visuales de tres diferentes tropas familiares, cada una con por lo menos seis individuos, confirmaron durante una tarde la alta densidad de estas poblaciones. El alimento era abundante, considerando el uso intenso del frondoso hábitat, el cual presenta grandes cantidades de bambú./*Tayassu tajacu* populations at Camp 3 were exceptional. Visual registers of three separate family herds, each with at least six individuals, in the space of an afternoon confirmed the high density of these populations. Food was abundant, in spite of heavy usage of the brushy and bamboo habitat.

[6] La baja densidad de *Myoprocta* era notable; ocasionalmente encontramos huellas pero no obtuvimos registros visuales de este roedor que por lo general es extremadamente común./ The low density of *Myoprocta* was notable; we found tracks occasionally but had no visual registers of this normally extremely common rodent.

[7] A lo largo de los caminos y ríos en la reserva/Along roads and rivers in the reserve

[8] Considerado raro por los comuneros Cofan/Considered rare by Cofan community members

[9] Considerado común a lo largo de los ríos Pisorié y Totoa Nai'qui/Considered common along Pisorié and Totoa Nai'qui Rivers

LITERATURA CITADA/LITERATURE CITED

Altamirano, M. A., y M. A. Quiguango. 1997. Diversidad y abundancia relativa de la herpetofauna en Sinangüe, Reserva Ecológica Cayambe-Coca, Sucumbíos, Ecuador. Pp. 3–27 en P. Mena, A. Soldi, R. Alarcón, C. Chiriboga, y L. Suárez, eds. Estudios biológicos para la conservación. Ecociencia, Quito.

Araujo, P., F. Bersosa., R. Carranco, M. T. Lasso, y C. Ocampo. 1996. Monitoreo biológico de macroinvertebrados acuáticos en el Bloque 15 de la Amazonía ecuatoriana. Inédito. ECUAMBIENTE-OXI, Quito.

Araujo, P., F. Bersosa, y C. Ocampo. 1997. Diagnostico de la fauna e impactos ocasionados por los trabajos de prospección sísmica en el Bloque 19, Región Amazónica del Ecuador. Inédito. Departamento de Biología de la Escuela Politécnica Nacional, Quito.

Barbour, M. T., J. Gerritsen, B. D. Snyder, and J. B. Stribling. 1999. Rapid bioassessment protocols for use in streams and wadeable Rivers: periphyton, benthic macroinvertebrates and fish. Second edition. Office of Water, U. S. Environmental Protection Agency. Washington, DC.

Barriga, R. 1991. Lista de peces de agua dulce del Ecuador. Politécnica 16(3):7–56.

Bersosa, F. 2002. Evaluación ecológica rápida de macroinvertebrados acuáticos en el Territorio Huaorani. Inédito. EcoCiencia, Quito.

Bersosa, F., y R. Carranco. 2000. Monitoreo de macroinvertebrados acuáticos en bloques de estudio ubicados en áreas de influencia del Parque Nacional Yasuni. Inédito. EcoCiencia-Fepp, Quito.

Campos, F., M. Yánez-Muñoz, J. Izquierdo, y P. Fuentes. 2002. Herpetofauna de los bosques montanos del área de influencia norte de la Reserva Ecológica Cayambe-Coca (RECAY), sectores La Bonita, Rosa Florida, La Sofía, La Barquilla, Sucumbíos, Ecuador. Informe Técnico: The Nature Conservancy (TNC) y Fundación de Conservación La Bonita.

Carrera, C. 2004. Monitoreo biológico de macroinvertebrados acuáticos en los Bloques 14, 17 y Shiripuno. Inédito. Corporación Simbioe, Quito. 56 pp.

Carrera, C., y K. Fierro. 2001a. Evaluación ecológica rápida de macroinvertebrados acuáticos en los humedales de Imuya, Reserva de Producción Faunística Cuyabeno. Inédito. EcoCiencia, Quito. 13 pp.

Carrera, C., y K. Fierro. 2001b. Manual de monitoreo: los macroinvertebrados acuáticos como indicadores de la calidad del agua. CARE, EcoCiencia, MacArthur Foundation, y USAID, Quito.

Cerón, C. E. 1995. Etnobiología de los Cofanes de Dureno. Publicaciones del Museo Ecuatoriano de Ciencias Naturales, Serie Monografía 3. Quito.

Cerón, C. E., N. C. A. Pitman, y W. F. Sarabia. 2005. Estructura y diversidad florística de 1 ha de bosque en un fragmento cerca a Lago Agrio, Sucumbíos-Ecuador. Cinchona 6(1):56–72.

Cerón, C. E., y C. I. Reyes. 2003. Predominio de Burseraceae en 1 ha de bosque colonado, Reserva de Producción Faunística Cuyabeno, Ecuador. Cinchona 4(1):47–60.

Chapman, F. M. 1926. The distribution of bird-life in Ecuador. Bulletin of the American Museum of Natural History 55.

CNRH. 2002. División hidrográfica del Ecuador. Consejo Nacional de Recursos Hídricos, Quito.

Couceiro, S. R. M., B. R. Forsberg, N. Hamada, and R. L. M. Ferreira. Effects of an oil spill and discharge of domestic sewage on the insect fauna of Cururu stream, Manaus, AM, Brazil. Brazilian Journal of Biology. 66(1A):35–44.

Duellman, W. 1978. The biology of an equatorial herpetofauna in Amazonian Ecuador. The University of Kansas Museum of Natural History Miscellaneous Publicatión 65. Lawrence, Kansas.

Emmons, L. H. y F. Feer. 1999. Mamíferos de las selva pluvial neotropical: guia de campo. Fundación Amigos de la Naturaleza, Santa Cruz, Bolivia.

Fernández H. R., y E. Domínguez, eds. 2001. Guía para la determinación de artrópodos bentónicos sudamericanos. Editorial Universitaria de Tucumán. Universidad Nacional de Tucumán, San Miguel de Tucumán.

Gerritsen, J., R. E. Carlson, D. L. Dycus, C. Faulkner, C. R. Gibson, J. Harcum, and S. A. Markowitz. 1998. Lake and reservoir bioassessment and biocriteria. Office of Water, United States Environmental Protection Agency, Washington, DC.

Guayasamín, J. M., D. F. Cisneros-Heredia, M. Yánez-Muñoz, and M. Bustamante. 2006a. Notes on geographic distribution. Amphibia, *Centrolenidae, Centrolene ilex, Centrolene litorale, Centrolene medemi, Cochranella albomaculata, Cochranella ametarsia:* range extensions and new country records. Check List 2(1):24–25.

Guayasamín, J. M., S. R. Ron, D. F. Cisneros-Hereida, W. Lamar, and S. McCracken. 2006b. A new species of frog of the *Eleutherodactylus lacrimosus* assemblage (Leptodactylidae) from the Western Amazon basin, with comments on the utility of canopy surveys in lowland rainforest. Herpetologica 62(2):191–202.

Heyer, R., M. Donnelly, R. McDiarmid, L. Hayek, and M. Foster, eds. 1994. Measuring and monitoring biological diversity standards: Methods for amphibians. Smithsonian Institution Press, Washington and London.

IUCN, Conservation International, and NatureServe. 2004. Global amphibian assessment (*www.globalamphibians.org*, viewed 15 October 2004).

Lynch, J. D. 1980. A taxonomic and distributional synopsis of the Amazonian frogs of the genus *Eleutherodactylus*. American Museum Novitaes 2696:1–24.

Pearson, D. L., D. Tallman, and E. Tallman. 1977. The birds of Limoncocha, Napo Province, Ecuador. Instituto Linguistico de Verano, Quito.

Pitman, N., D. K. Moskovits, W. S. Alverson, y/and R. Borman A., eds. 2002. Ecuador: Serranías Cofán-Bermejo, Sinangoe. Rapid Biological Inventories Report 03. The Field Museum, Chicago.

Pitman, N. C. A., J. W. Terborgh, M. R. Silman, P. Núñez V., D. A. Neill, C. E. Cerón, W. A. Palacios, and M. Aulestia. 2001. Dominance and distribution of tree species in upper Amazonian terra firme forests. Ecology 82:2101–2117.

Plafkin, J. L., M. T. Barbour, K. D. Porter, S. K. Gross, and R. M Hughes. 1989. Rapid bioassessment protocols for use in streams and rivers: Benthic macroinvertebrates and fish. EPA/440/4-89-001. Assessment and Water Protection Division, US Environmental Protection Agency, Washington, D.C.

Ridgely, R. S., and P. J. Greenfield. 2001. The birds of Ecuador: Status, distribution and taxonomy. Cornell University Press, Ithaca.

Ridgely, R. S., and P. J. Greenfield. 2006. Aves de Ecuador: quia de campo. Fundación de Conservación Jocotoco, Quito.

Rodríguez, L. O., y F. Campos. 2002. Anfibios y Reptiles. Pp: 65–68 en/in N. Pitman, D. K. Moskovits, W. S. Alverson, y/and R. Borman A., eds. 2002. Ecuador: Serranías Cofán-Bermejo, Sinangoe. Rapid Biological Inventories Report 03. The Field Museum, Chicago.

Roldán P., G. 1988. Guía para el estudio de los macroinvertebrados acuáticos del Departamento de Antioquia. Facultad de Ciencias Exactas y Naturales, Centro de Investigaciones, CIEN, Universidad de Antioquia. Ediciones Fondo FEN Colombia, Bogotá.

Ron, S. 2001–2007. Anfibios del Parque Nacional Yasuní, Amazonía ecuatoriana, (en línea). Ver. 1.3, febrero 2007. (*www.puce.edu/zoología/anfecua.htm*, consultada junio 2007) Museo de Zoología Pontificia Universidad Católica del Ecuador, Quito. [ver *www.bio.utexas.edu/grad/ecuador/web/ yasuni/esp/anfyas.htm*]

Rosenberg, D. M., and V. H. Resh, eds. 1993. Freshwater biomonitoring and benthic macroinvertebrates. Chapman and Hall, New York.

Saul, W. 1975. An ecological study of fishes at a site in upper Amazonian Ecuador. Proceedings of the Academy Natural Sciences of Philadelphia 127:93–134.

Stewart D., R. Barriga, y M. Ibarra. 1987. Ictiofauna de la cuenca del río Napo, Ecuador oriental: lista anotada de especies. Revista Politécnica 12(4):9–64.

Valencia, R., H. Balslev, G. Paz, and C. Miño. 1994. High tree alpha-diversity in Amazonian Ecuador. Biodiversity and Conservation 3:21–28.

Young, B. E., S. N. Stuart, J. S. Chanson, N. A. Cox, y T. M. Boucher. 2004. Joyas que están desapareciendo: el estado de los anfibios en el nuevo mundo. NatureServe, Arlington, Virginia.

Alverson, W. S., D. K. Moskovits, y/and J. M. Shopland, eds. 2000. Bolivia: Pando, Río Tahuamanu. Rapid Biological Inventories Report 01. The Field Museum, Chicago.

Alverson, W. S., L. O. Rodríguez, y/and D. K. Moskovits, eds. 2001. Perú: Biabo Cordillera Azul. Rapid Biological Inventories Report 02. The Field Museum, Chicago.

Pitman, N., D. K. Moskovits, W. S. Alverson, y/and R. Borman A., eds. 2002. Ecuador: Serranías Cofán-Bermejo, Sinangoe. Rapid Biological Inventories Report 03. The Field Museum, Chicago.

Stotz, D. F., E. J. Harris, D. K. Moskovits, K. Hao, S. Yi, and G. W. Adelmann, eds. 2003. China: Yunnan, Southern Gaoligongshan. Rapid Biological Inventories Report 04. The Field Museum, Chicago.

Alverson, W. S., ed. 2003. Bolivia: Pando, Madre de Dios. Rapid Biological Inventories Report 05. The Field Museum, Chicago.

Alverson, W. S., D. K. Moskovits, y/and I. C. Halm, eds. 2003. Bolivia: Pando, Federico Román. Rapid Biological Inventories Report 06. The Field Museum, Chicago.

Kirkconnell P., A., D. F. Stotz, y/and J. M. Shopland, eds. 2005. Cuba: Península de Zapata. Rapid Biological Inventories Report 07. The Field Museum, Chicago.

Díaz, L. M., W. S. Alverson, A. Barreto V., y/and T. Wachter, eds. 2006. Cuba: Camagüey, Sierra de Cubitas. Rapid Biological Inventories Report 08. The Field Museum, Chicago.

Maceira F., D., A. Fong G., y/and W. S. Alverson, eds. 2006. Cuba: Pico Mogote. Rapid Biological Inventories Report 09. The Field Museum, Chicago.

Fong G., A., D. Maceira F., W. S. Alverson, y/and J. M. Shopland, eds. 2005. Cuba: Siboney-Juticí. Rapid Biological Inventories Report 10. The Field Museum, Chicago.

Pitman, N., C. Vriesendorp, y/and D. Moskovits, eds. 2003. Perú: Yavarí. Rapid Biological Report 11. The Field Museum, Chicago.

Pitman, N., R. C. Smith, C. Vriesendorp, D. Moskovits, R. Piana, G. Knell, y/and T. Wachter, eds. 2004. Perú: Ampiyacu, Apayacu, Yaguas, Medio Putumayo. Rapid Biological Inventories Report 12. The Field Museum, Chicago.

Maceira F., D., A. Fong G., W. S. Alverson, y/and T. Wachter, eds. 2005. Cuba: Parque Nacional La Bayamesa. Rapid Biological Inventories Report 13. The Field Museum, Chicago.

Fong G., A., D. Maceira F., W. S. Alverson, y/and T. Wachter, eds. 2005. Cuba: Parque Nacional "Alejandro de Humboldt." Rapid Biological Inventories Report 14. The Field Museum, Chicago.

Vriesendorp, C., L. Rivera Chávez, D. Moskovits, y/and J. Shopland, eds. 2004. Perú: Megantoni. Rapid Biological Inventories Report 15. The Field Museum, Chicago.

Vriesendorp, C., N. Pitman, J. I. Rojas M., B. A. Pawlak, L. Rivera C., L. Calixto M., M. Vela C., y/and P. Fasabi R., eds. 2006. Perú: Matsés. Rapid Biological Inventories Report 16. The Field Museum, Chicago.

Vriesendorp, C., T. S. Schulenberg, W. S. Alverson, D. K. Moskovits, y/and J.-I. Rojas Moscoso, eds. 2006. Perú: Sierra del Divisor. Rapid Biological Inventories Report 17. The Field Museum, Chicago.

Vriesendorp, C., J. A. Álvarez, N. Barbagelata, W. S. Alverson, y/and D. K. Moskovits, eds. 2007. Perú: Nanay-Mazán-Arabela. Rapid Biological Inventories Report 18. The Field Museum, Chicago.